DAS GEHEIMNIS VON π

DAS GEHEIMNIS VON π

VERHÄLTNISSE IN DER MATHEMATIK

JOAQUÍN NAVARRO

Librero

Die Originalausgabe erschien 2010 unter dem Titel:
Los secreteos del número π

Postbus 72, 5330 AB Kerkdriel, Niederlande

Bildnachweis Innenseiten: Aisa: 62, 98 c; Album: 110 a und b; Archives RBA: 15, 23, 25, 26, 27, 28, 32, 34, 36, 38, 48, 52, 63, 64 a und b, 66, 69, 71, 73, 90, 97 a und b, 98 a und b, 99 b, 100 b, 112, 113, 116, 118; Corbis: 123; Eja2k: 114; Henry Abbott Technical High School: 115; Institute for Advanced Study Archives: 131; iStockphoto: 100 a, 122; Sweeks06: 99 a

Bildnachweis Umschlag:
Formeln © iStockphoto.com/Suljo
mathematische Figuren © iStockphoto.com/mustafahacalaki
Zirkel © iStockphoto.com/Alexander Shirokov

Produktion der deutschsprachigen Ausgabe:
Tanja Timmerman vertaling & redactie
Übersetzung: Judith Muhr
Fachberatung: Dipl.-Math. Evelyn Lerche, Universität Kassel
Satz: Elixyz Desk Top Publishing

Printed in Slovenia

ISBN: 978-90-8998-717-4

Inhalt

Dieses seltsame 3,14159...,
das sich durch alle Türen
und Fenster zwängt, und sogar
durch den Kamin kommt.
Augustus De Morgan

Vorwort

Die Welt der Zahlen ist unerschöpflich, unendlich. Das Schlechte daran – das einzig Schlechte – ist, dass sie komplizierter wird, je genauer wir sie betrachten. Wenn Sie mehr wissen wollen, dann müssen Sie sich unweigerlich darauf vorbereiten, genau nachzudenken. Die Untersuchung der Zahlen hat zur Zahlentheorie geführt, heute ein fest etablierter Zweig des stark verästelten Baums der Mathematik.

Die Zahlentheorie ordnet Zahlen in Mengen an. Einige davon sind offensichtlich, andere scheinen der Intuition zu widersprechen. Die Mengen sind unter anderem Primzahlen, abundante Zahlen, transzendente Zahlen, rationale Zahlen, Zufallszahlen, universelle Zahlen, berechenbare Zahlen, normale Zahlen, reelle Zahlen, hyperreelle Zahlen, transfinite Zahlen, figurierte Zahlen, komplexe Zahlen, Pseudo-Primzahlen, unerreichbare Zahlen, apokalyptische Zahlen und sogar befreundete Zahlen. Wie Sie sehen, ist die Liste lang und sie wird immer länger.

Aber woher kommt diese Faszination der Zahlen? Warum haben so viele Menschen Angst vor der Zahl 13? Die Zahl 666 ist im negativen Sinn berühmt, als die „Zahl des Tieres", dank einer Anmerkung in der Offenbarung, dem letzten Buch der Bibel. Warum wird sie so bezeichnet? Woher wissen wir, dass ein Dreieck mit Seitenlängen von 2166969314861378833054797972928630716401520276869946534608169199233884599 2696 und 21669693148613788330547979729286307164015202768699465346081691992338845992697 einen rechten Winkel haben muss? Wussten Sie, dass ein paar findige Forscher ihre Zeit darauf verwendet haben, eine Klasse von Zahlen zu untersuchen, die als „narzisstisch" bezeichnet werden? Wenn Sie jedoch berücksichtigen, dass sie sich auch mit Palindromzahlen, tetradischen und befreundeten Zahlen beschäftigen – dann werden Sie sich wahrscheinlich über nichts mehr wundern.

Es gibt Zahlen für jeden Bedarf, die alle spezielle Definitionen haben, und π bildet keine Ausnahme. Es gehört zu den transzendenten Zahlen und vermutlich auch zu den normalen und einigen anderen. Außerdem ist es die am meisten untersuchte und bewunderte Ziffernfolge in der Geschichte. Es gibt so viele Informationen, so viele Bücher und Websites über π, dass ein Versuch, etwas Neues darüber zu schreiben, so gut wie unmöglich ist. Aus diesem Grund gibt sich das vorliegende Buch damit zufrieden, diesen Zahlenwahn auf gründliche und hoffentlich unterhaltsame Art durchzuarbeiten, mit einer ansteckenden Faszination für π. Wir versuchen dabei, dem interessierten Leser die Details verständlich zu machen und nachvollziehbar zu erläutern.

Leider – wie Euklid Ptolemäus I., dem Herrscher von Ägypten, erklärte – „gibt es keine schnelle Methode, Geometrie zu erlernen“. Die Zahlen kennenzulernen und sich zwischen ihnen zu bewegen, bedingt eine gewisse geistige Anstrengung. Geben Sie also die Hoffnung auf, dass Sie einfach nur ein paar Seiten über die Mathematik lesen müssten, und sie würde ihnen ganz einfach erscheinen. Mathematik kann nicht im Vorübergehen ergründet werden, aber umso größer ist die Belohnung, wenn Sie sie verstanden haben.

Wie weit sollen wir in dieses unendliche Thema eintauchen? Warum berechnen wir die Dezimalstellen von π? Wofür könnte es in der Realität gut sein, die erste Milliarde Ziffern zu kennen? Die Ziffernfolge ist endlos und es scheint sich kein Muster zu wiederholen. Es kann sogar sein, dass es überhaupt kein Muster gibt – unseren aktuellen Erkenntnissen nach können wir das noch nicht beurteilen. Gibt es eine Grenze im Hinblick auf π und seine Ziffern? Die reine Mathematik erweckt häufig die Frage, wie sinnvoll sie letztlich ist. Die vielleicht beste Antwort auf eine solch begründete Frage stammt von dem berühmten deutschen Mathematiker Carl Gustav Jacobi, der das Thema 1830 als Mittel zur „Ehre des menschlichen Geistes“ beschrieben hat. Wir beginnen dieses Buch ganz in seinem Sinne. Es geht nicht darum, alles zu wissen, und noch nicht einmal darum, viel zu wissen. Und unser Wissen muss auch nicht immer einen Sinn haben. Es geht darum, ein paar numerisch interessante oder lustige Gedanken zu denken, nur weil es Spaß macht, sie zu kennen. Zu Ehren des menschlichen Geistes.

Kapitel 1

Was Sie schon immer über π wissen wollten, sich aber nicht zu fragen trauten

In einem Kreis treffen sich Anfang und Ende.
Heraklit

π ist die berühmteste Zahl der Welt, die am meisten erforschte, die am meisten berechnete, die am meisten benutzte … Dennoch kann man wenig Endgültiges über π sagen. Es fängt so an:

3,1415926535 8979323846 2643383279 5028841971 6939937510…

Mit diesen fünfzig magischen Ziffern kommt man so gut wie überall in der weiten Welt der Berechnungen aus. Eigentlich gibt es sogar nur wenige Aufgabenstellungen in der Physik oder Mathematik, in denen mehr als zehn Stellen von π gefordert werden. In der Realität ist 3,14 oder 3,1416 völlig ausreichend für grundlegende Berechnungen.

Isaak Asimov fasste es einst wie folgt zusammen: „Wäre das Universum rund und hätte einen Durchmesser von 80.000 Millionen Lichtjahren, dann wäre der Fehler bei der Berechnung des himmlischen Äquators unter Verwendung eines Werts von π mit 35 Stellen kleiner als ein Millionstel Zentimeter."

Wenn wir uns an irgendeinem Punkt des Äquators der Erde befinden und die Dezimalstellen von π in Zahlen wie der in diesem Buch verwendeten Buchstabengröße schreiben, dann würden die aktuell von Computern berechneten Ziffern von π mehr als 500-mal um die Welt reichen. Wir wissen, dass die Zahlenfolge 0123456789 beginnend ab der Dezimalstelle 17.387.594.880 von π zu finden ist. Wie falsch die Aussage des bedeutenden niederländischen Mathematikers Luitzen Egbertus Jan Brouwer (1881–1966) ist, wird jetzt klar. Er sagte, dass die Suche nach dieser Zeichenkette eine sinnlose Aufgabe sei, weil wir niemals genügend Stellen von π kennen würden!

Wenn man heutzutage die Leistung eines Supercomputers testen will, dann muss man mit diesem etwas Schwieriges berechnen, das gleichzeitig bereits bekannt ist. Die Dezimalstellen von π sind ideal dafür geeignet.

Die Neuerfindung des Rades

Die Zahl π kommt natürlich nicht aus dem Nichts. Sie entstand aus einfachen Beobachtungen. Der Quotient aus dem Umfang eines Kreises (*U*) und seinem Durchmesser (*d*) ist eine Konstante:

$$\frac{U}{d} = \pi.$$

Oder, falls Ihnen das lieber ist:

$$U = \pi d = \pi \times 2r = 2\pi r.$$

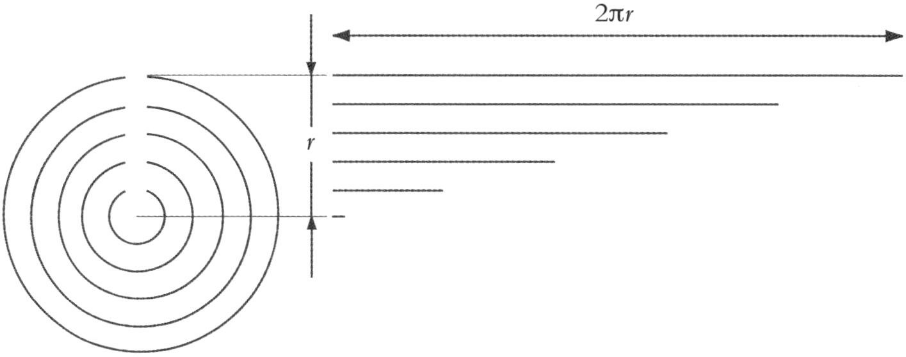

Der Quotient aus Umfang und Durchmesser ist eine Konstante. Diese Tatsache wurde durch Intuition und einfache Beobachtung festgestellt. Wenn der Durchmesser wächst (der Durchmesser ist zweimal der Radius r), wächst er proportional zur Länge des Umfangs.

Durch einfache Beobachtung erkennen wir, dass dieses Verhältnis eine feste Zahl ist, denn je größer der Durchmesser eines Rades ist, desto (proportional) größer ist der Abstand, der mit jeder seiner Umdrehungen von einem fixen Punkt darauf zurückgelegt wird. Somit erhalten wir:

Länge eines Umfangs / Durchmesser des Kreises = konstant ≈ 3,14.

Algebraisch ausgedrückt, wenn l die Distanz um den Kreis ist, und r ist sein Radius (der Durchmesser d ist das Doppelte von r), dann erhalten wir:

$$l = \pi d = \pi \times 2r = 2\pi r \approx 2 \times 3{,}14\ r.$$

Das Zeichen ≈ bedeutet „ungefähr gleich" und ein Großteil der Geschichte von π hat damit zu tun, die Annäherung so genau wie möglich zu machen, indem immer mehr Stellen hinter 3,14… eingefügt werden.

DIE ERSTE REKTIFIKATION

Das Messen der Länge einer gekrümmten Linie wird als Rektifikation bezeichnet. Am offensichtlichsten zu rektifizieren ist vielleicht der Umfang eines Kreises.

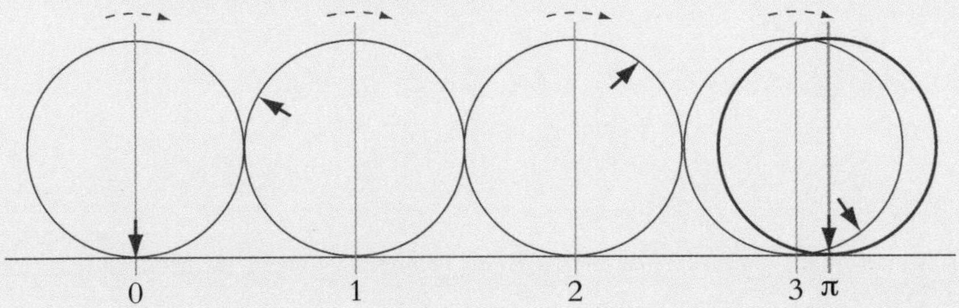

Wenn ein Kreis mit dem Umfang *p* ohne zu gleiten entlang einer Linie rollt, macht er eine komplette Umdrehung, wenn er π-mal den Durchmesser *d* zurücklegt. Dieser Prozess, bei dem der Umfang in eine Linie umgewandelt wird, wird als Rektifikation bezeichnet. Die Rektifikation teilt uns also mit, dass $\frac{p}{d} = \pi$.

Mathematiker haben einen Großteil ihrer Genialität für die möglichst präzise Berechnung von π aufgewendet, und jede neue Dezimalstelle wird mühsam erkämpft. Eine Zeit lang war man der Meinung, diese Meisterleistungen würden irgendwann ein Ende nehmen, aber 1882 fand der deutsche Mathematiker Ferdinand von Lindemann (1852–1939) heraus: Die Zahl π ist eine unendlich lange Ziffernfolge. Es gibt keine Möglichkeit, den „genauen" Wert von π jemals zu finden. Auf den folgenden Seiten werden wir versuchen zu erklären, warum das so ist. Anfänglich war die Zahl π nicht als solche bekannt. Obwohl Mathematiker wie William Oughtred (1574–1660), Isaac Barrow (1630–1677) und David Gregory (1659–1708) diese Bezeichnung verwendeten, wurde der Begriff erst „offiziell", als William Jones (1675–1749) 1706 auf diese Weise auf die Konstante verwies, in seiner *Synopsis Palmariorium Mathesios*. π ist der griechische Buchstabe „p", und der Anfangsbuchstabe des Worts „Peripherie" (Umfang). Später begann auch der große Leonhard Euler (1707–1783) das Symbol π zu verwenden, nachdem er anfänglich „*c*" und auch „*p*" verwendet hatte. Langsam, aber sicher setzte sich die Bezeichnung durch. Im 20. Jahrhundert wurde jedoch in Ägypten die Konstante mit dem arabischen Buchstaben *ta* statt *pi* bezeichnet, was nationalistische Gründe hatte.

Heute wird π in der Mathematik insbesondere verwendet, um die Zahl zu bezeichnen, von der wir gesprochen haben, aber dies ist nicht die einzige Verwendung des Buchstabens. Beispielsweise wird π(x) verwendet, um die Funktion der natürlichen

Zahlen „Primzahlen kleiner als x" anzugeben. Und wenn wir zurückgehen zu trivialeren Fragen der Mathematik, ist π der Name des Heptomino, einer Figur aus sieben miteinander verbundenen Quadraten, wie nachfolgend gezeigt:

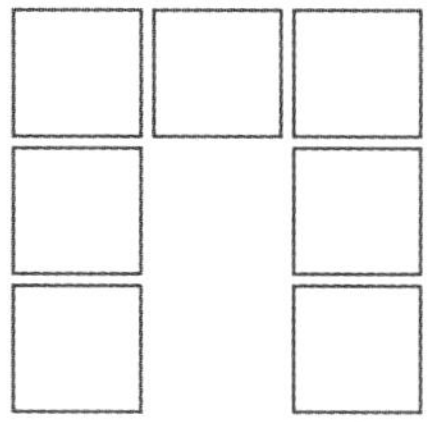

Nach Meinungen der Experten, wie unter anderem Einstein, ist die Konstante π eine der maßgeblichen Zahlen für die Beschreibung des Universums. Bei der Einrichtung

DER ASTEROID DES KLEINEN PRINZEN

Jeder Kreis enthält eine Überraschung, eine einfache, aber nicht weniger interessante. Denn für jeden Kreis gilt:

$$\frac{\textit{Länge}}{\textit{Durchmesser}} = \textit{konstant.}$$

Mit anderen Worten, ein Multiplikator im Nenner dieses Bruchs bestimmt denselben Multiplikator für den Zähler. Wir werden dies anhand eines einfachen Beispiels verdeutlichen. In *Der kleine Prinz*, einer Geschichte des französischen Schriftstellers und Piloten Antoine de Saint-Exupéry (1900–1944), geht der Protagonist auf seinem kleinen Asteroiden spazieren und kehrt Vulkane. Wir nehmen an, dass er sich entlang eines Meridians bewegt, weil die Geschichte sonst nicht funktionieren würde. Der Prinz ist genau 1 m groß. Wenn er 1.000 m weit geht, welche Distanz legt dann sein Kopf zurück? Wir wissen, dass unsere Maßeinheit Meter ist. Wenn der Prinz 1.000 m geht und die

$$\textit{Länge des Umfangs} = 2\pi,$$

ist, dann ist klar, dass die

$$\textit{mit dem Fuß zurückgelegte Distanz in Metern} = 1\,000 = 2\pi r.$$

Der Protagonist ist 1 m groß. Sei U die vom Kopf zurückgelegte Distanz, dann haben wir:

$$U = 2\pi\,(r + 1).$$

Wenn wir jetzt den ersten Ausdruck vom zweiten subtrahieren, erhalten wir:

einer grundlegenden Beziehung zwischen dem Kreisförmigen und dem nicht Kreisförmigen taucht immer wieder π auf, wie ein Korken auf der Wasseroberfläche, bei allen Naturphänomen, die von den Gesetzen abgedeckt sind, die etwas mit gekrümmten Formen oder Rotation zu tun haben. Neben einer Handvoll anderer Konstanten werden wir π nie aus den Augen verlieren.

Nähern wir uns dem Thema von einer anderen Richtung an, gibt es viele, meistens Zahlenfanatiker, die π einfach überall sehen, als gäbe es eine Verschwörungstheorie, die auf der Zahl basiert. Die sogenannte Feinstrukturkonstante, α, die sich auf die elektromagnetische Kraft bezieht, ist eines der bevorzugten Ziele dieser Kämpfer für π. Selbst ein Nobelpreisträger, der Quantenphysiker Werner Heisenberg (1901–1976) hielt jahrelang die folgende Formel für korrekt:

$$\frac{1}{\alpha} = \frac{2^4 3^3}{\pi}.$$

Distanz in Metern, die der Kopf zurückgelegt hat – Distanz in Metern, die der Fuß zurückgelegt hat $U - 1\,000 = 2\pi(r + 1) - 2\pi r = 2\pi(r + 1 - r) = 2\pi \approx 6{,}28$.

Die Differenz beträgt 6,28 m, aber das Interessante an der ganzen Berechnung ist, dass der Radius des Asteroiden keinen Einfluss darauf hat. Unabhängig von der Länge des ursprünglichen Radius erhöht die Addition von 1 m zu dem ursprünglichen Radius die Länge des Umfangs nur um 6,28 m. Egal, ob der Radius des Asteroiden 1.000 km lang wäre oder ob der Prinz entlang von 1.000 km Vulkane gefegt hätte, die zusätzliche Distanz, die sein Kopf gegenüber seinen Füßen zurücklegt, ist immer genau dieselbe: 6,28 m.

Umschlag des Buchs Der kleine Prinz *von Antoine de Saint-Exupéry.*

Heisenberg war jedoch nicht allein. In allen Theorien der Physik gibt es vergleichbare Annäherungen, wie beispielsweise

$$\frac{1}{\alpha}=\left(\frac{8\pi^4}{9}\right)\left(\frac{2^4 5!}{\pi^5}\right)^{\frac{1}{4}}.$$

$$\frac{1}{\alpha}=108\pi\left(\frac{8}{1843}\right)^{\frac{1}{6}}.$$

Zwei Formeln, die π enthalten und für die auch manches spricht.

Das jahrhundertealte Problem

Die Zahl π ist nicht nur das konstante Verhältnis zwischen der Länge des Umfangs und des Durchmessers, sondern das Doppelte des konstanten Verhältnisses zwischen der Fläche eines Kreises und seinem einbeschriebenen Quadrat. In der Schule haben wir gelernt:

$$A = \pi r^2.$$

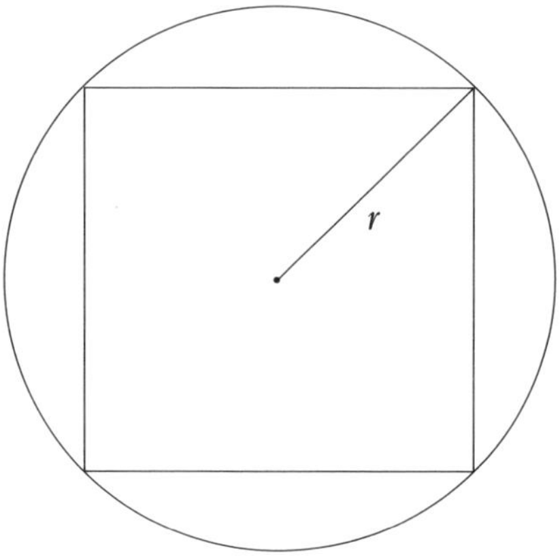

Mit dieser Formel berechnen wir die Fläche eines Kreises mit dem Radius r.

Und nachdem die Fläche des Quadrats genau gleich dem Quadrat der Seite ist, führt eine grundlegende Anwendung des Satzes des Pythagoras zu:

$$\frac{A}{\textit{Fläche des eingeschriebenen Quadrats}}=\frac{\pi r^2}{2r^2}=\frac{\pi}{2}.$$

Aber wer garantiert uns, dass diese Konstante, dieses von der Fläche abgeleitete π, gleich dem π ist, das mit der Länge verknüpft ist? Es scheint dasselbe π zu sein, aber entgegen dem, was wir in der Schule gelernt haben, ist es nicht ganz offensichtlich, dass die beiden Konstanten gleich sind. Wir mussten auf den genialen Archimedes warten, um sicher zu gehen. Das Problem, das die alten Mathematiker wirklich interessierte, war es, ein Quadrat zu finden, dessen Flächeninhalt gleich dem einer Kreisfläche ist. Und das war ein relativ praktisches Problem, weil es ganz einfach ist, eine quadratische Fläche zu messen, während das Messen von kreisförmigen Flächen gewisse Schwierigkeiten macht und nur als annähernder Wert ermittelt werden kann. Die griechischen Denker waren der Meinung, sie könnten eine Art göttlichen Verfahrens finden, sauber und schnell, ähnlich wie die Grundlagen ihrer Philosophie, womit nur mit Lineal und Zirkel ein Quadrat konstruiert werden könnte, das äquivalent zu einem Kreis ist. Genau das ist mit der „Quadratur des Kreises" gemeint, also eine Form zu finden, die diese Äquivalenz erfüllt, und dazu nur ein Lineal und einen Zirkel zu verwenden, und dies innerhalb einer endlichen Anzahl an Schritten. Die Mathematik jagt dieser Aufgabe immer hinterher, ständig auf der Suche nach dieser schwer zu fassenden Karotte, ohne sie je zu erreichen. Durch alle Jahrhunderte haben alle Geodäten versucht, den Kreis zu quadrieren, nämlich π mit Lineal und Zirkel präzise zu konstruieren, oder dem Ganzen ein wenig näher zu kommen, indem eine weitere präzise Dezimalstelle zur Zahl π addiert wird. Die algebraische „Quadratur" des Kreises mit der Fläche πr^2 bedeutet, nach einem Quadrat mit der Seitenlänge l zu suchen, sodass gilt:

$$\pi r^2 = l^2.$$

Das bedeutet, wir suchen nach einem l, für das gilt:

$$l = \sqrt{\pi r^2} = r\sqrt{\pi}.$$

Das bedeutet, wir müssten $\sqrt{\pi}$ mit Lineal und Zirkel konstruieren. Wenn Sie $\sqrt{\pi}$ haben, können Sie auch π mit einem Zirkel und einem Lineal ermitteln.

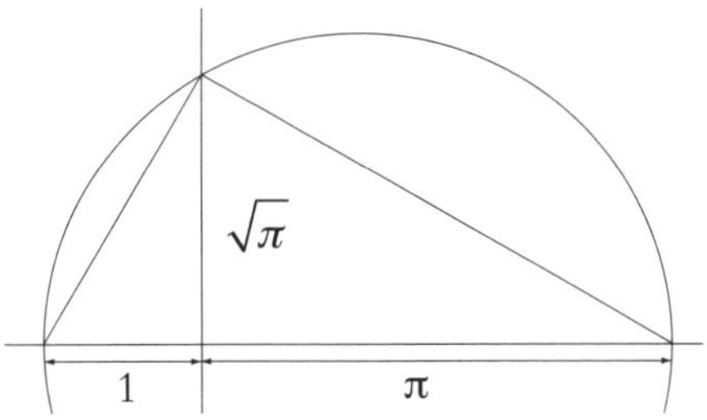

Hätten wir einen präzisen Wert für π, hätten wir ihn auch für $\sqrt{\pi}$, und der Kreis wäre quadriert. Was folgt, ist im Wesentlichen die Geschichte einer unmöglichen Herausforderung, die uns immer weiter treibt, uns aber nie näher zum Ziel bringt. Wenn ein Geodät (zweifellos höchst geniale Menschen) eine neue Dezimalstelle von π findet, dann kommen gleichzeitig, indirekt, alle anderen Mathematiker ebenfalls einen Schritt voran.

DER RADIANT UND π

In der Mathematik werden Winkel nicht in sexagesimalen (Basis 60) Grad, Minuten und Sekunden gemessen, und auch nicht in komplexen Gon (einem Vierhundertstel einer kompletten Drehung um 360°). Die Erfindung der Infinitesimalrechnung (Differentiale, Integrale usw.) führte zur Verwendung eines natürlicheren Maßes, obwohl es auf den ersten Blick eher kompliziert aussah. Der Radiant ist als der Winkel definiert, der einen Bogen entlang des Umfangs mit gleicher Länge wie der Radius bestimmt.

Bogenlänge = Radiant

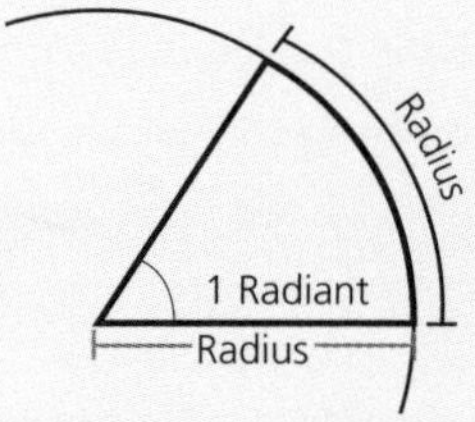

Da die Länge seines Umfangs gleich $2\pi r$ ist, ist der gesamte Umfang ein Bogen mit einem Winkel von 2π Radianten, damit erhalten wir:

$$1 \text{ Radiant} = \frac{360}{2\pi} \text{ sexagesimale Grad} \approx 57°17'45''.$$

Die gebräuchlichsten Äquivalenzen sind:

$$30° = \frac{\pi}{6};\ 60° = \frac{\pi}{3};\ 90° = \frac{\pi}{2};\ 180° = \pi;\ 360° = 2\pi.$$

Die Geschichte von π: die frühen Tage

Ein paar Verse der Bibel geben einen Wert von π = 3 an. Wir wollen diesen Schätzwert nicht zu ernst nehmen, weil er für den Bau eines kreisförmigen Altars vorgesehen war und nur eine Entschuldigung ist, um eine Geschichte zu erzählen, und kein ernsthafter Ansatz, π zu berechnen. Doch wer neugierig geworden ist, kann die Aussage in der Bibel finden, beispielsweise in *Könige* (I, 7, 23):

„Dann machte er das Meer. Es wurde aus Bronze gegossen und maß zehn Ellen von einem Rand zum andern; es war völlig rund und fünf Ellen hoch. Eine Schnur von dreißig Ellen konnte es rings umspannen."

Die Berechnung des hier verwendeten Werts von π, der schließlich π = 3 ergibt, überlassen wir dem geneigten Leser.

Der ägyptische Rhind-Papyrus, eines der weltweit ältesten Mathematikbücher, das Experten auf ca. 1650 v. Chr. datieren, enthält ebenfalls einen indirekten Verweis auf π. Aufgabe Nr. 50 (von 87) lautet: „Ein kreisförmiges Feld hat einen Durchmesser von 9 khet (1 khet ≈ 50 m). Wie groß ist seine Fläche? Modern ausgedrückt, ergibt sich eine Fläche von

$$\pi\left(\frac{9}{2}\right)^2 = \pi\frac{81}{4}.$$

Der Papyrus selbst stellt das System für die Berechnung der Fläche bereit, nämlich

$$\frac{64}{81}d^2.$$

Dabei ist d der Durchmesser. Für $d = 9$ erhalten wir also:

$$\pi\frac{81}{4} = \frac{64}{81}d^2 = \frac{64}{81}9^2 = \frac{64}{81}81;$$

$$\pi = \frac{256}{81} \approx 3{,}160493827.$$

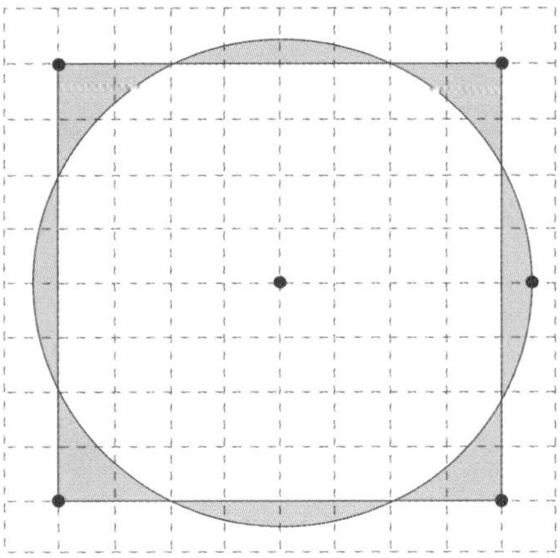

Nach dem ägyptischen Schreiber Ahmes, Autor des Rhind-Papyrus, ist ein Quadrat mit einer Seitenlänge von 8 im Hinblick auf die Fläche äquivalent zu einem Kreis mit einem Durchmesser von 9.

Dieser Ansatz ist jedoch demjenigen unterlegen, den die Ägypter möglicherweise schon in Gizeh herausgefunden hatten, um 2600 v. Chr. Das Verhältnis des Umfangs der dortigen Pyramiden zu ihrer Höhe beträgt 22/7; warum gerade diese Zahlen verwendet wurden ist jedoch unbekannt. Wir nehmen häufig an, dass die alten Architekten diesem Bruch eine Art göttlicher Eigenschaft zuordneten. Und tatsächlich betrachten es viele als Annäherung an π, das von den Baumeistern möglicherweise als mystische Zahl betrachtet wurde. Wenn wir dies als Erklärung zulassen und davon ausgehen, dass das Verhältnis Umfang/Höhe nicht reiner Zufall ist, erhalten wir $\pi = 22/7 = 3{,}142\ldots$

Ein nicht ganz schlechter Wert. In Babylon war der Fortschritt langsamer. Auf einer Tafel in der alten Stadt Susa aus der Zeit um 2000 v. Chr. fand man die Angabe des Werts von π als $25/8 = 3{,}125$.

In Indien geben vedische Texte aus dem 9. Jahrhundert v. Chr. unterschiedliche Werte für π an, was praktische Gründe hatte. Der beste Wert stammt aus astronomischen Berechnungen und ist im *Shatapatha Brahmana* enthalten, $\pi = 339/108 = 3{,}13888\ldots$

Die Geschichte von π: Archimedes

Jetzt sind wir im alten Griechenland angekommen, wo einer der größten Denker der Menschheit am Werk war, Archimedes von Syrakus. Möglicherweise hat sich Anaxagoras im 5. Jahrhundert v. Chr. mit π beschäftigt, aber es gibt keine schriftlichen Aufzeichnungen darüber. Wir werden die Methode, die Archimedes für die Annäherung an π verwendet hat, hier nicht wiedergeben, weil es sich um einen langen und komplizierten Prozess handelt, der eher für Wissenschaftshistoriker geeignet ist. Wir werden versuchen, das Ganze unter Verwendung einer nachvollziehbareren Methode zu erklären, mit dem modernen Konzept der Grenzwerte (*lim*). Dazu stellen wir uns zunächst ein in einen Kreis einbeschriebenes Polygon vor, wie in der Abbildung gezeigt.

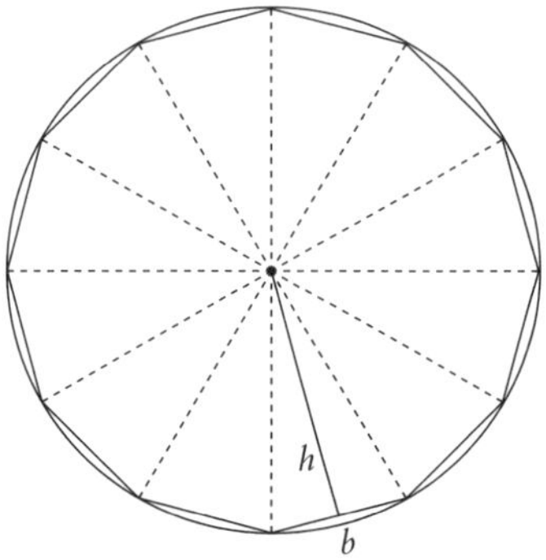

Wir erkennen, dass mehrere Dreiecke mit der Basis *b* und der Höhe *h* entstehen. Die Gesamtfläche der *n* Dreiecke ist fast gleich, aber kleiner der Fläche des Umkreises:

$$A_n = n(\mathit{Dreiecksfläche}).$$

Damit erhalten wir:

$$A_n = n\left(\frac{1}{2}hb\right) = \frac{1}{2}h(nb).$$

Um in Richtung Gleichheit zu gelangen, werden immer mehr Dreiecke hinzugefügt, $n \to \infty$:

$$\lim_{n\to\infty} A_n = \lim_{n\to\infty}\frac{1}{2}h(nb) = \frac{1}{2}\lim_{n\to\infty} hnb = \frac{1}{2}\lim_{n\to\infty} h \times \lim_{n\to\infty} nb = \frac{1}{2}r \times 2\pi r = \pi r^2.$$

Mit

$$\lim_{n\to\infty} h = r.$$

Wir kommen zu folgendem Schluss:

$$\lim_{n\to\infty} nb = \mathit{Länge\ des\ Umfangs} = 2\pi r.$$

Archimedes kannte die modernen Definitionen von Grenzwert und Integration nicht und wendete eine zeitaufwändige Methode an, die von Eudoxos von Knidos (400–347 v.Chr.) abgeleitet wurde. Er verwendete einbeschriebene und umschreibende Polygone, wie in der nachfolgenden Abbildung gezeigt. Er gab obere und untere Grenzen für den Kreis vor, und seine Fläche lag irgendwo zwischen derjenigen der Polygone, wobei die Differenz abnahm, je größer die Anzahl ihrer Seiten wurde.

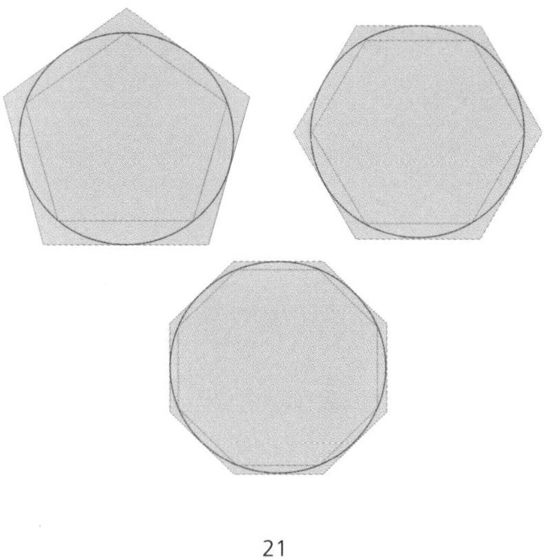

Eine Skizze, wie eine solche „Reise an die Grenzen" heute aussehen könnte, kann bei dem Verständnis helfen, warum die Fläche des Kreises πr^2 ist:

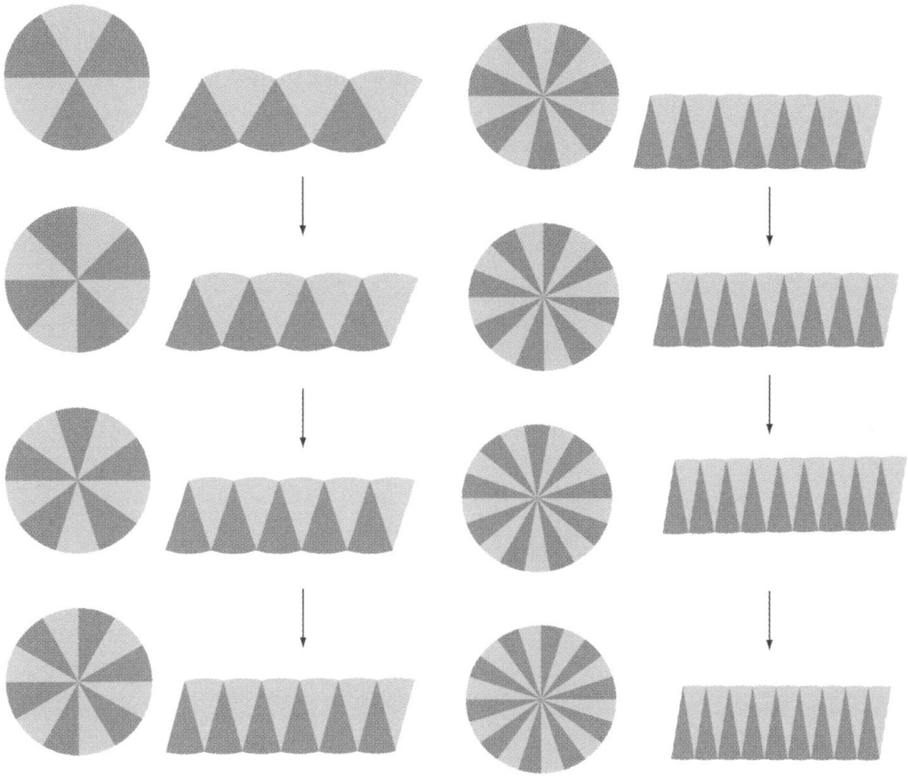

Wir erstellen eine Art krummliniges Parallelogramm, das immer flacher wird. Wir wissen, dass die Fläche in einem regulären Parallelogramm gleich der Basis multipliziert mit der Höhe ist. Die Höhe wird immer mehr gleich dem Radius r, während die Basis eine Kurve ist, die tendenziell am Halbumfang des Kreises liegt. Die Fläche geht gegen

$$r\frac{l}{2} = r\frac{2\pi r}{2} = r\pi r = \pi r^2.$$

Archimedes ordnete den Wert von π zwischen zwei Werten an,

$$\frac{223}{71} = 3{,}140845\ldots < \pi < \frac{22}{7} = 3{,}142857\ldots$$

Dies war ein unglaublich genaues Ergebnis.

ARCHIMEDES VON SYRAKUS (CA. 287–212 V. CHR.)

Ingenieur, Physiker, Astronom und griechischer Mathematiker – Archimedes gilt als der größte Wissenschaftler des Altertums und einer der größten Denker in der Geschichte. Seine Errungenschaften haben ihm eine Position verschafft, wie sie nur Größen wie Newton, Gauß oder von Neumann vorbehalten war. Seine Beiträge zu anderen Wissenschaften sind ebenfalls legendär. Als Techniker und Physiker entwickelte er neben zahlreichen anderen Erfindungen die Schneckenpumpe, die seinen Namen trägt, parabolische Spiegel und zahlreiche Anwendungen von Hebelsystemen und Flaschenzügen. Sein vielleicht bekanntester Beitrag stammt aus der Hydrostatik, das sogenannte Archimedes-Prinzip oder die Grundlagen des Auftriebs. Das Bild von Archimedes, wie er nackt aus der Badewanne springt und „Heureka!" („Ich habe es gefunden!") ruft, ist heute ein legendärer Moment in der Geschichte des Wissens.

Als Mathematiker hat er zahllose Entdeckungen gemacht. Neben der Annäherung von π beschäftigte er sich mit der Bestimmung des Umfangs, der Fläche, des Volumens oder des Schwerpunkts zahlreicher geometrischer Formen (Kugeln, Zylinder, Parabeln, Spiralen usw.). Er arbeitete mit diophantischen Gleichungen, half, große Zahlen zu konzipieren und zu zählen usw.

Er starb während der Belagerung von Syrakus, als er mit seinen Maschinen bei der Verteidigung gegen die Römer half – wenn auch vergebens. Laut Plutarch schrie Archimedes einen der eingedrungenen Soldaten an, der seine Zeichnungen verbrennen wollte. Das gefiel dem Soldaten nicht und er tötete den großen Meister mit seinem Schwert. Plutarch erzählt, dass der Tod des Archimedes auch den römischen Befehlshaber verärgerte, da er ihn als wertvolle Beute angesehen hatte. Auf seinem Grab befindet sich eine in einen Zylinder einbeschriebene Kugel, mit der Angabe der Verhältnisse ihrer Volumen und Flächen, einer Entdeckung von Archimedes selbst.

Eine der Erfindungen, die Archimedes zugeschrieben werden, ist die Verwendung von Sonnenlicht reflektierenden Spiegeln, um sie auf römische Schiffe zu richten und diese zu verbrennen. Ziel war es, die Stadt Syrakus vor der römischen Seebelagerung zu schützen.

Die von Archimedes verwendete Methode sollte zur jahrhundertelang verwendeten Standardtechnik werden. Sie ist natürlich, zugänglich und direkt. Ein Juwel geometrischer Genialität. Im Wesentlichen entwickelte Archimedes einen Algorithmus, nämlich Anweisungen für die Berechnung von π mit beliebiger Genauigkeit. Dieser Algorithmus kann mit Hilfe einer Rechenmaschine, eines Computers oder einer sich wiederholenden Berechnung angewendet werden. Sei n die Anzahl der Seiten eines Polygons, das in einen Kreis einbeschrieben ist, oder in das der Kreis einbeschrieben ist, und a_n und b_n seien ihre Umfänge

$$a_{2n} = \frac{2a_n b_n}{a_n + b_n},$$

$$b_{2n} = \sqrt{a_{2n} b_n}.$$

Damit erhalten wir den sogenannten Archimedischen Algorithmus, eine rekursive Formel, die mit zunehmendem n immer näher an π gelangt. Und in jedem Fall ist

$$\frac{a_k}{2} > \pi > \frac{b_k}{2}.$$

Der Archimedische Algorithmus erzeugt beginnend mit einem regelmäßigen Sechseck mit $a_6 = 4\sqrt{3}$ und $b_6 = 6$, in sequentieller Reihenfolge:

$$3{,}00000 < \pi < 3{,}46410,$$
$$3{,}10583 < \pi < 3{,}21539,$$
$$3{,}13263 < \pi < 3{,}15966,$$
$$3{,}13935 < \pi < 3{,}14609,$$
$$3{,}14103 < \pi < 3{,}14271.$$

Die von Archimedes gezeigte Annäherung ist die Ungleichung von einem Polygon mit 96 Seiten, ausgedrückt in rationalen Zahlen.

Die Geschichte von π: nach Archimedes

20 v. Chr. schrieb der berühmte römische Architekt, Militäringenieur und Schriftsteller Marcus Vitruvius Pollio (85 v. Chr. – 20. n. Chr.), heute besser bekannt unter dem Namen Vitruv, das Traktat *De Architectura* (mit insgesamt 10 Bänden). Darin verwendete er den mesopotamischen Wert von π = 25/8. Vitruv bestimmte den Wert von π neu unter Verwendung der empirischen Messung eines gekennzeichneten Rads. Allerdings war es nicht diese Berechnung, die ihn berühmt machte. Man kennt ihn vor allem von

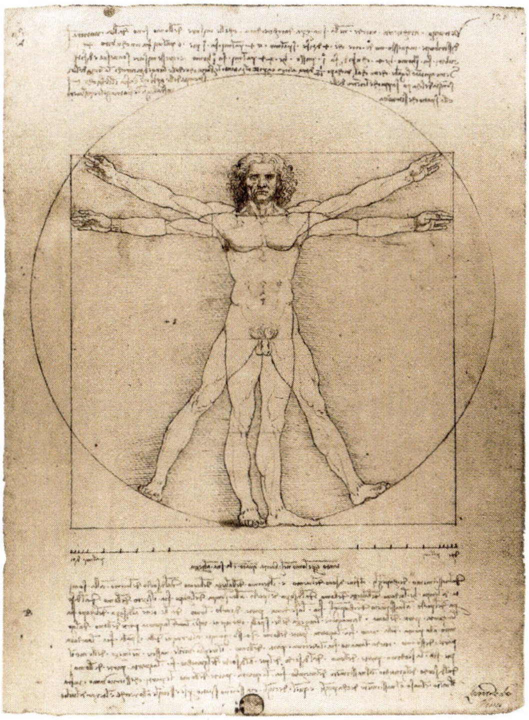

Der Vitruvianische Mensch *oder* Die Proportionen des menschlichen Körpers nach Vitruv; *die berühmte Zeichnung von Leonardo da Vinci (1452–1519) ist benannt nach dem römischen Architekten, der diese Größenverhältnisse propagiert hat.*

einer Zeichnung Leonardo da Vincis, auch als Vitruvianischer Mensch betitelt, die die Maße der menschlichen Proportionen zeigt. Trotz seines Ruhms konnte Vitruvius die Annäherung von Archimedes nicht verbessern. Ptolemäus (ca. 100 – 170 n. Chr.), ein hellenisierter Ägypter (aus Griechenland stammend), erfolgreicher Astronom, Astrologe und Geograph, gelang dies jedoch mit seinem Bruch $\pi = 377/120 = 3{,}141666\ldots$ Um diesen Wert zu erhalten, verwendete er ein Polygon mit 120 Seiten. Er kam zu dem alles in allem höchst eleganten Ergebnis, dass π gleich $3 + 17/120$ sei. Darüber hinaus versuchte Ptolemäus eine Erklärung der gesamten Welt – einschließlich des neuen berühmt-berüchtigten geozentrischen Modells des Universums, das bis zum Erscheinen von Kopernikus 1.300 Jahre später als Tatsache hingenommen wurde.

Die Betrachtung der Entwicklungen in der westlichen Welt lenkt häufig von den Errungenschaften anderer alter Kulturen ab, abgesehen von den Babyloniern, Griechen, Römern und Ägyptern. Also, was passierte im fernen Osten, während der Westen sich auf π konzentrierte?

In China beispielsweise gab es Versuche von Chan T'sang (ca. 220 v. Chr.), der den Wert von π mit 3 festlegte, ebenso wie Arbeiten einiger anderer Mathematiker. Zhang Heng (78–139 n.Chr.) fand neben seinen zahlreichen anderen Aktivitäten (er beschäftigte sich mit Astronomie und Mathematik und entwickelte sogar einen Erdbebendetektor) die Zeit, in einem seiner Bücher eine Annäherung von π als 736/232 = 3,1724… aufzuzeichnen. Als er das Volumen einer in einen Würfel einbeschriebenen Kugel berechnete, verwendete er die Annäherung $\pi = \sqrt{10} = 3{,}162277...$

Der Name Wang Fang oder Fan (217–257 n. Chr.) ist heute für die Fehlbildung bekannt, die diesen Namen trägt – Menschen, deren Füße nach hinten zeigen, haben das Wang-Fang-Syndrom. Wang Fang, dessen Füße übrigens normal waren, interessierte sich auch für Mathematik und berechnete einige Stellen von π. Im Jahr 250 gab er den annähernden Bruch π = 142/45 = 3,155555… an.

Der Mathematiker Liu Hui (ca. 220–280 n. Chr.) schrieb ein paar Kommentare in *Neun Kapitel über die Kunst der Mathematik* im Jahr 263, dank derer wir mehr über sein Leben und seine Errungenschaften wissen. Wir finden dort eine rekursive Formel, die die Seiten eines regulären Polygons mit 3×2^k Seiten berechnet, wenn diejenigen eines Polygons mit $3 \times 2^{k-1}$ Seiten bereits bekannt sind. Liu Hui empfahl die Annäherung π ≈ 3,14, ging aber weiter und kam zu π = 3,141592104…. Daran erkennen wir, dass er mit einem Polygon mit 3072 Seiten arbeitete.

Diese Briefmarke von 1999 aus den Vereinigten Staaten von Mikronesien zeigt die Methode für die Berechnung von π, die vom chinesischen Mathematiker Liu Hui entwickelt wurde.

Jahrhunderte später berechnete Zu Chongzhi (429–500 n. Chr.), ein Wissenschaftler und Mathematiker, der Kalender entwickelte, π auf höchst bewundernswerte Weise:

$$3{,}1415926 < \pi < 3{,}1415927.$$

Er empfahl sogar, für einfache Anwendungen Brüche wie 22/7 zu verwenden, und 355/113 für die komplizierteren. Wir verlassen China jetzt und bewegen uns nach Indien, wo Aryabhata (ca. 476–550 n. Chr.), der große Patriarch der indischen Weisen, unter Verwendung eines 384-seitigen Polygons einen Wert von 3,1416 für π berechnete.

Brahmagupta (598–665 n.Chr.), wahrscheinlich der begabteste der indischen

Mathematiker, ist der Verfasser eines langen Texts, des *Brahmasphutasiddhanta*, in dem wir, nicht ohne eine gewisse Enttäuschung, wieder den Wert $\pi = \sqrt{10} = 3{,}162277...$ finden. Erst im 12. Jahrhundert finden wir etwas Besseres, nämlich von Bhaskara II., dem „Lehrer" (1114–1185), aufgezeichnet in seinem Buch *Lilavati*. Das Buch ist nach seiner Tochter benannt, die der Qualität des Buchs nach zu urteilen eine wunderschöne junge Frau gewesen sein muss, da ihr Name „Schönheit" bedeutet. Bhaskara gibt eine Annäherung von $\pi \approx 3917/1250 = 3{,}1416$ an.

Unser Zahlensystem, das ein Stellenwertsystem ist und die Basis 10 verwendet, hat die Ziffern 0, 1, 2, 3, 4, 5, 6, 7, 8 und 9 und ist indisch-arabischen Ursprungs. Wir zollen normalerweise dieser Tatsache nicht allzu viel Aufmerksamkeit, obwohl sie die Grundlage für den westlichen Handel bildet. Die Einführung solcher Werkzeuge sorgte dafür, dass jeder die Arithmetik verwenden konnte:

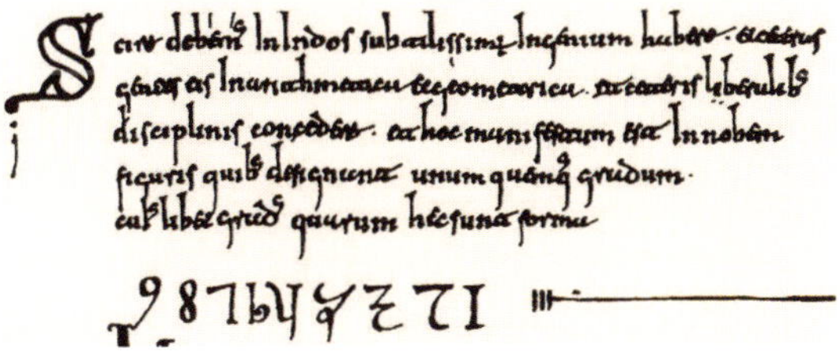

Indisch-arabische Ziffern, wie sie zum ersten Mal in Spanien (974–976) im Codex Albeldensis *auftauchen, auch als* Codex Vigilanus *bezeichnet, nach dem Mönch, der ihn zusammenstellte.*

Es würde den Rahmen dieses Buches sprengen, die Entwicklung der indisch-arabischen Ziffern in Gänze darzustellen, aber wir wissen, dass unsere Ziffern von dort kommen. Überraschenderweise wurden diese Ziffern und das zugehörige Zahlensystem erst im 10. Jahrhundert in Europa eingeführt. Sie wurden im *Liber Abaci* von Leonardo von Pisa (ca. 1170–1250) vorgestellt, besser bekannt als Fibonacci. Die Beliebtheit der Ziffern nahm schnell zu, insbesondere bei den Händlern. Die Berechnungen mit dem neuen System waren einfach im Vergleich zu dem Alptraum der römischen Ziffern. Algorithmen für Multiplikation und Division vereinfachten sie noch weiter, und langsam gelangte die Zivilisation einen Schritt vorwärts.

In der Mitte unserer Geschichte finden wir Fibonacci, der 1220 in einer seiner Arbeiten, *Practica Geometricae*, den annähernden Wert von π als 3,141818 angibt. Er verwendet dazu dieselbe Methode wie Archimedes, allerdings etwas freier.

Aber wir wollen nicht vorgreifen. Lange vorher müssen wir in der muslimischen Welt bei der führenden Figur Abū 'Abdallāh Muhammad ibn Mūsā al-Khwārizmī (ca. 780–850 n. Chr.) Halt machen, der auch als al-Juarismi und unter ähnlichen

Bezeichnungen bekannt ist. In jedem Fall ist der Name des persischen Mathematikers der Ursprung für das Wort *Algorithmus*. Außerdem verfasste er eine Arbeit mit dem Titel *Das kurzgefasste Buch über die Rechenverfahren durch Ergänzen und Ausgleichen*, was nichts weniger war als die Erfindung der Algebra (ein weiteres Wort, das aus dem Arabischen übernommen wurde). Als seine Arbeiten in den Westen gelangten, hatten sie maßgebliche Einflüsse. Al-Khwārizmī empfahl im Allgemeinen die Verwendung von 3,14 für einfache Berechnungen und 3,1416 für große astronomische Berechnungen.

Ein Bildnis von al-Khwārizmī in heroischer Darstellung schmückt eine sowjetische Briefmarke von 1983. Die Sowjets betrachteten ihn als Usbeken, weil er im heutigen Usbekistan geboren wurde – eine der Sowjetrepubliken zum Zeitpunkt der Veröffentlichung der Briefmarke.

1424 berechnete ein weiterer Perser, Jamshid al-Kāshī (1380–1429), der am Hof von Tamburlaine in Samarkand lebte, nicht π, sondern 2π. Dazu verwendete er sexagesimale Zahlen. Diese zählen mit der Basis 60, wir würden also $1/60 = 0{,}1$, $1/60^2 = 1/360 = 0{,}01$ usw. erhalten. Er kam auf 9 Stellen, die übersetzt in das Dezimalsystem eine auf 16 Ziffern korrekte Annäherung von π ergeben.

Al-Kāshī berechnete:

$$2\pi = 6 + \frac{16}{60} + \frac{59}{60^2} + \frac{28}{60^3} + \frac{1}{60^4} + \frac{34}{60^5} + \frac{51}{60^6} + \frac{46}{60^7} + \frac{14}{60^8} + \frac{50}{60^9} + \ldots$$

Dazu verwendete er Polygone mit 3×2^{28} Seiten. Dieser Wert übertraf die Marke von dreizehn Dezimalstellen, die Madhava von Sangamagrama (ca. 1350–1425) in Indien ein paar Jahre zuvor berechnet hatte, im Jahr 1400. Nichtsdestotrotz hatten die Schätzungen von Madhava eine spezielle Eigenschaft. Es wurde zum ersten Mal eine Reihe verwendet, um eine unendlich lange Zahl darzustellen, sodass für die Berechnung von π reine Mathematik angewendet wurde. Die Formel von Madhava ist nichts anderes als diejenige, die im Westen als die „Leibniz"-Formel bezeichnet wurde, aber Madhava hatte sie sehr viel früher entdeckt:

$$\frac{\pi}{4} = 1 - \frac{1}{3} + \frac{1}{5} - \frac{1}{7} + \frac{1}{9} - \ldots$$

Die Konvergenz dieser Reihe ist sehr schwach, und Sie müssen tausende von Termen addieren und subtrahieren, um annehmbare Ergebnisse zu erhalten. Madhava wandelte sie um in

$$\pi = \sqrt{12}\left(1 - \frac{1}{3 \times 3} + \frac{1}{5 \times 3^2} - \frac{1}{7 \times 3^3} + \ldots\right).$$

Damit berechnete er π.

1573 empfahl der deutsche Valentin Otto (ca. 1550–1603), ein Anhänger von Kopernikus, die Verwendung von π = 355/113 ≈ 3,1415929…, aber das ist nichts im Vergleich zu den Ergebnissen, die man später erzielte, und dieser spezifischen Annäherung gebührt kein besonderer Ruhm, obwohl für die Berechnung einiges an Intelligenz nötig war. Die neunte Stelle von π, die der Franzose François Viète ermittelte, ist nichts Außergewöhnliches. Er verwendete für die Berechnung dieses Ergebnisses die Methoden von Archimedes und arbeitete mit einem Polygon mit 393.216 (= 6×2^{16}) Seiten. Wichtig dabei ist, dass die Formel, die er für π entwickelt hatte, zu schwierig für die Anwendung war, weil dazu Quadratwurzel nach Quadratwurzel gezogen werden musste. Die Arbeit von Viète kann wie folgt dargestellt werden:

$$\pi = 2\ \frac{2}{\sqrt{2}} \times \frac{2}{\sqrt{2+\sqrt{2}}} \times \frac{2}{\sqrt{2+\sqrt{2+\sqrt{2}}}} \times \frac{2}{\sqrt{2+\sqrt{2+\sqrt{2+\sqrt{2}}}}} \times \ldots$$

Der Pfad, der ihn darauf brachte, ist neben anderen Formeln in Kapitel 4 erklärt.

FRANÇOIS VIÈTE (1540–1603)

Vieta (die latinisierte Form seines Namens, wie sie in Europa verwendet wurde) war keineswegs ein professioneller Mathematiker. Hauptberuflich war er Rechtsanwalt, und nachdem Heinrich IV. den französischen Thron bestiegen hatte, stieg er auf zum Berater und Mitglied des inneren Kreises des Königs. Er hat den legendären Ruf, Pionier im Bereich der Verschlüsselung gewesen zu sein, weil er geheime Botschaften entschlüsselte, die von Philipp II. von Spanien gesendet wurden, dem Feind seines Herrschers. Der spanische König war der Meinung, dass der böse französische König einen Pakt mit dem Teufel haben müsse, weil er alle diplomatischen Züge anscheinend schon vorab kannte – während Philipp sicher war, Gott auf seiner Seite zu haben. Vieta war außerdem ein hervorragender Geodät, aber ein noch besserer Algebraiker. Hier beschäftigte er sich vor allem mit Trigonometrie und der Lösung von Gleichungen. Was jedoch vielleicht noch wichtiger ist, ist die Erfindung moderner algebraischer Konzepte, die die mündlichen und schriftlichen Traditionen revolutionierten und den Fortschritt der Wissenschaft förderten. Aus seiner anfänglichen Rivalität mit Adriaan van Roomen (1561–1615), dem er das Problem der Tangentenkreise (auch Apollonisches Problem) stellte, entstand schließlich eine Freundschaft.

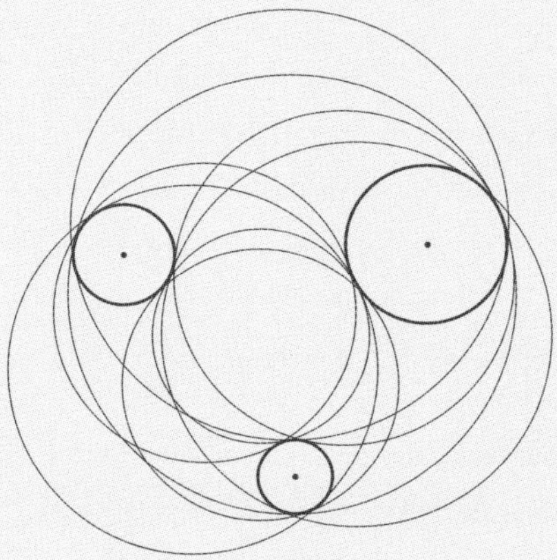

Beim Apollonischen Problem werden Kreise gesucht, die drei gegebene Kreise zugleich berühren. Traditionell sollten für die Lösung nur Lineal und Zirkel verwendet werden. In der Regel gibt es acht verschiedene Lösungen.

Der Rivale und Freund Viètes, der niederländische Geodät Adriaan van Roomen (1561–1615), in einer Kultur, in der alle bedeutenden Namen latinisiert wurden, auch als Adrianus Romanus bekannt, widmete sich eingehender als Viète der Studie der Polygonalmethode von Archimedes und verwendete dafür 1593 eine beeindruckende 2^{30}-seitige Form, um π auf 16 Stellen genau zu berechnen.

Aber wenn die Arbeit von van Roomen als beeindruckend betrachtet wird, was sagen wir dann über Ludolph van Ceulen (1540–1610)? Dieser Deutsche, ein echter Freak, was π betrifft, berechnete 1596 zuerst 20 Stellen und dann 35:

$$\pi = 3{,}14159265358979323846264338327950288\ldots$$

Van Ceulen erreichte eine so große Popularität, dass π in vielen Ländern auch als die Ludolphsche Zahl bezeichnet wurde. Er fühlte sich so sehr mit π verbunden, dass seine Lieblingszahl sogar auf seinem Grab in der Stadt Leiden eingraviert wurde. Dieses materielle Zeugnis seiner allumfassenden Leidenschaft ging jedoch verloren, als das Grab im Zweiten Weltkrieg zerstört wurde. Wie in Kapitel 5 beschrieben, wurde das Bauwerk aber im Jahr 2000 wiederhergestellt, mit leuchtenden Ziffern. Die Beharrlichkeit van Ceulens verdiente eine Form der Anerkennung.

Willebrord Snel van Royen (1580–1626), auch Snell oder Snellius genannt, ein Schüler von Van Ceulen, ist im Westen vor allem als Entdecker der Gesetze der Lichtbrechung berühmt. Als Mathematiker beschäftigte er sich ebenfalls mit der Berechnung von π, mit 35 richtigen Stellen, wie 1621 im *Cyclometricus* veröffentlicht. Die Methode, nach der er das Ergebnis erhielt, ist eine Verbesserung der Methode von Archimedes. Snells Berechnung wurde später von dem großartigen Christiaan Huygens (1629-1695) noch verfeinert.

1630 brach Christoph Grienberger (1561–1636), ein österreichischer Jesuit und bekannter Astronom, den damaligen Rekord und errechnete 39 Stellen für π. Die Nachwelt hat ihm zu Ehren einen Mondkrater mit seinem Namen bezeichnet. Eine angemessene Ehre für einen schwer arbeitenden Astronomen.

Mit ihnen kam der Skandal ... und die Analysis

Gottfried Leibniz und Isaac Newton haben sich im Bereich der Wissenschaft Unsterblichkeit verdient. Diese Männer haben die Infinitesimalrechnung (oder Analysis) geschaffen, die große Plage der Mathematikstudenten am Anfang ihrer Karriere. Leibniz und Newton begleiteten die Mathematiker in eine wunderbare Welt neuer Möglichkeiten, indem sie die Unendlichkeit einführten. Und was noch besser ist: Sie brachten ihnen bei, sich von der Endlichkeit zur Unendlichkeit zu bewegen, und mit aussagekräftigen Ergebnissen zurückzukehren. Viele große Geister hatten den Weg geebnet, unter ihnen der Visionär Archimedes. Nun spazierten Leibniz und Newton hinter ihnen her, kletterten auf ihre Schultern und fanden den Weg in den Irrgarten des Unbekannten – und auch wieder heraus.

Reihen aus Potenzen und Integralen sind das unmittelbare Ergebnis der Anwendung mathematischer Analysetechniken. Bei der Berechnung von π geht es nicht einfach mehr um die Messung von Polygonen, sondern sie ist zu einer mathematischen Frage geworden, die hauptsächlich die „kleinen grauen Zellen“ herausfordert, wie Hercule Poirot es formulieren würde.

GOTTFRIED WILHELM LEIBNIZ (1646–1716)

Es ist nicht ganz einfach, auf so kleinem Raum die wichtigsten Fakten über eine Persönlichkeit wie Leibniz zusammenzufassen. Seine vollständigen veröffentlichten Arbeiten füllen 25 Bände, insgesamt geschätzte 200.000 Seiten. Dieser große Denker wurde in Leipzig geboren und hat sich den unterschiedlichsten Gebieten gewidmet, wie beispielsweise Jura, Diplomatie, mathematische Logik, Religion, Geschichtsschreibung, Orientalistik, binäre Arithmetik, Ethik, Physik, Biologie und Technik. Seinen wichtigsten Beitrag leistete er jedoch wahrscheinlich in der Infinitesimal- und Integralrechnung.

Leibniz war ein Wunderkind. Er las viel und beschäftigte sich scheinbar mit Leichtigkeit mit Rechtsprechung und Diplomatie. Er gründete das erste wissenschaftliche Journal in der Geschichte, das *Acta Eruditorum*, in dem einige seiner Entdeckungen und Untersuchungen veröffentlicht wurden, aber längst nicht alle.

Er bewies jederzeit einen sechsten Sinn für die Notation von Dingen, und unter anderem verdanken wir ihm Symbole, die weitverbreitet sind, wie etwa das Integral ($\int$) oder das Differential (dx), ebenso Ausdrücke wie beispielsweise „Lebenskraft". Ein Teil seines Lebens war bestimmt von einem unangenehmen Streit mit den Unterstützern von Newton (mit dem großen Newton hinter ihnen), in dem es darum ging, wer die Infinitesimalrechnung entdeckt habe. Vom Mathematiker Leibniz ist außerdem zu erzählen, dass er wichtige Beiträge zur mathematischen Logik geleistet hat, ebenso wie zur Automatentheorie, zum binären Zahlensystem und zur Topologie, die er als *analysis situs* bezeichnete.

1673 entwarf Leibniz eine mechanische Rechenmaschine, die die vier Grundrechenarten ausführen konnte. Im darauffolgenden Jahr baute er nach diesem Entwurf eine Maschine, die tatsächlich funktionierte.

Von hier an werden wir die aus dem Orient stammenden Annäherungen an π ignorieren, bis dies entweder durch eine große Anzahl errechneter Stellen oder die Entwicklung eines sehr innovativen Verfahrens gerechtfertigt ist. Newton und Leibniz lieferten sich einen unerfreulichen Streit darüber, wer die Infinitesimalrechnung ursprünglich entwickelt hatte, und man kann sagen, mit ihnen kam der Skandal. Wir werden hier die Fakten des Streits ignorieren und uns auf die Ergebnisse konzentrieren. 1665, im Jahr vor dem großen Feuer in London, war das Gehirn von Sir Isaac scheinbar völlig unterbeschäftigt, zumal er sich später dafür entschuldigte, etwas Zeit auf die Berechnung von π aufgewendet zu haben, weil er „zu dieser Zeit nichts anderes zu tun hatte". Dazu legte er die binomischen Formeln zur Seite und entdeckte die folgende Reihe:

$$\pi = \frac{3\sqrt{3}}{4} + 24\left(\frac{1}{12} - \frac{1}{5\times 2^5} - \frac{1}{28\times 2^7} - \frac{1}{72\times 2^9} - \dots\right).$$

Damit berechnete er 16 präzise Dezimalstellen von π. Wie vielen anderen Bereichen seiner Arbeit maß Newton dieser Leistung keine besondere Bedeutung bei, und das Ergebnis wurde in kein Buch aufgenommen. Erst nach seinem Tode kam es zu einer Veröffentlichung. Es ist immer interessant, den Fußstapfen eines Genies zu folgen, deshalb werden wir uns noch ein wenig mit Newton beschäftigen.

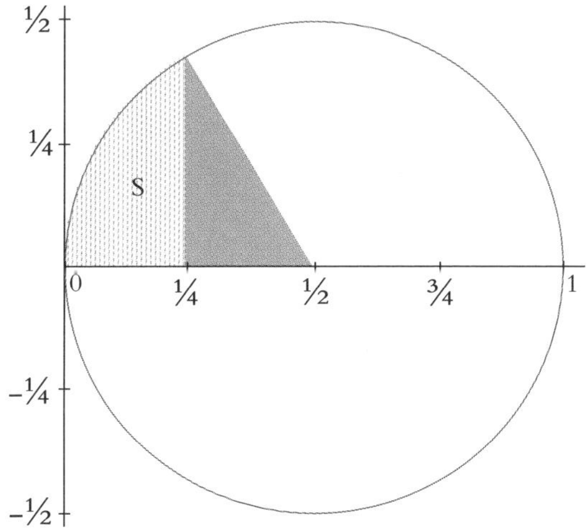

Die Fläche des in der Abbildung gekennzeichneten Sektors ist π/24, womit die Fläche des Kreises durch 6 dividiert wird. Wenn wir den dreieckigen Bereich subtrahieren, der den Wert $\sqrt{3}\,/\,32$ hat, bleibt eine Fläche des Kreises, die wir hier mit S beschriftet haben. Die Gleichung des Kreises an seiner aktuellen Position ist

$$y^2 + x^2 = x.$$

SIR ISAAC NEWTON (1642–1727)

Newton ist hauptsächlich als Physiker und Mathematiker bekannt, aber er hatte einen vielschichtigen Charakter: Alchemist, Theologe, Politiker, Astronom und wahrscheinlich gelegentlich auch Studierender in anderen Disziplinen. In jedem Fall ist er einer der bedeutendsten Wissenschaftler in der Geschichte.

Seine wichtigste Arbeit, *Philosophiae Naturalis Principia Mathematica* (Mathematische Grundlagen der Naturphilosophie), wurde 1687 veröffentlicht, hauptsächlich auf Druck seiner Verwandten. Dieses Detail gewährt Einblick in das schwer fassbare Profil dieses wenig kommunikativen Charakters. Seine beiden berühmtesten wissenschaftlichen Beiträge, das Gesetz der universellen Schwerkraft (man sagt, er machte diese Entdeckung, als in seinem Garten ein Apfel vom Baum fiel) und die Infinitesimalrechnung, sind im selben Buch enthalten. Zu seinen Beiträgen zur Physik gehören die Farbtheorie und die Strahlenbeugung, das erste funktionierende Reflexionsteleskop und die korpuskulare Lichttheorie. Außerdem formulierte er die Gesetze des Erhalts der Bewegungsgröße sowie des Drehimpulses einer Kraft. In der Astronomie machte er brillante Studien zur Planetenbewegung sowie zur Natur der Erdumlaufbahn. In der reinen Mathematik entwickelte er neben der alles dominierenden Differential- und Integralrechnung auch zahlreiche Potenzreihen, die binomischen Formeln, die Fehlerfortpflanzung und die Annäherung von Funktionen gegen Null.

In den letzten Jahren seines Lebens, jetzt wortkarges Mitglied des Parlaments (sein bemerkenswertester Kommentar war eine Beschwerde über die Zugluft in der Kammer und die Forderung, das Fenster zu schließen), widmete er seine Energie der Aufsicht der königlichen Münzprägeanstalt (Royal Mint), wo er mehrere Fälscher an den Galgen brachte. Er dachte immer, dass seine alchemistischen und theologischen Entdeckungen (er war ein geheimer Anhänger der Monophysit-Heräsie) ihn überleben würden. Zu seinen Lebzeiten fast vergöttert, war Newton bei seinen Kollegen nicht besonders beliebt, und nachdem er gestorben und in der Westminster Abbey begraben worden war, nahm sein Ansehen schnell ab.

Isaac Newton auf einem Gemälde von William Blake (1757–1827). Die Verse von Alexander Pope (1688–1744) vermitteln einen Eindruck von dem großen Wissenschaftler und seinem Einfluss: „Nature and Nature's laws lay hid in night: God said ‚Let Newton be!' and all was light." (Natur und der Natur Gesetze lagen in dunkler Nacht; Gott sprach: ‚Newton sei!' Und sie strahlten voll Pracht.)

Dies kann vervollständigt werden zu $y^2 = x(1-x)$ oder $y = \sqrt{x(1-x)} = x^{\frac{1}{2}}(1-x)^{\frac{1}{2}}$. Unter Verwendung der von Newton selbst entwickelten Integralrechnung erhalten wir:

$$S = \int_0^{\frac{1}{4}} x^{\frac{1}{2}}(1-x)^{\frac{1}{2}}\,dx = \int_0^{\frac{1}{4}} x^{\frac{1}{2}}\left(1 - \frac{x}{2} - \frac{x^2}{8} - \frac{x^3}{16} - \frac{5x^4}{128} - \ldots\right)dx$$

$$= \int_0^{\frac{1}{4}} \left(x^{\frac{1}{2}} - \frac{x^{\frac{3}{2}}}{2} - \frac{x^{\frac{5}{2}}}{8} - \frac{x^{\frac{7}{2}}}{16} - \frac{5x^{\frac{9}{2}}}{128} - \ldots\right)dx.$$

Von hier an ging es nur noch darum, die einzelnen Terme zu integrieren und ein gewisses Geschick im Umgang mit Zahlen zu beweisen … oder Newton zu sein.

Sein Landsmann Abraham Sharp (1651–1742) verwendete die folgende Gleichung des Astronomen Edmund Halley (1656–1742):

$$\frac{\pi}{6} = \arctan\frac{\sqrt{3}}{3}.$$

Sie wird heute in der grundlegenden Trigonometrie untersucht. Außerdem nutzte er ein weiteres wichtiges Ergebnis von einem anderen Briten, James Gregory (1638–1675):

$$\arctan(x) = x - \frac{x^3}{3} + \frac{x^5}{5} - \ldots$$

Daraus ergibt sich eine Reihe, die wir heute auf die folgende Art darstellen würden:

$$\pi = \sum_{k=0}^{\infty} \frac{2(-1)^k 3^{1/2-k}}{2k+1}.$$

Auf diese Weise berechnete er 1699 nicht weniger als 71 korrekte Dezimalstellen. Tatsächlich berechnete Sharp 72 Stellen, aber die letzte war falsch. Dies kann ihm verziehen werden, wenn man berücksichtigt, dass Sharp etwa 300 Terme in seiner Reihe verwendete.

Wir sollten auch erwähnen, dass James Gregory 1667 bei dem Versuch scheiterte, zu beweisen, dass eine Quadratur des Kreises unmöglich sei. Einige Jahre später, 1706, veröffentlichte John Machin (ca. 1686–1751), ein Astronomieprofessor, der Sekretär der Royal Society wurde, die Formel, die heute seinen Namen trägt:

$$\frac{\pi}{4} = 4\arctan\frac{1}{5} - \arctan\frac{1}{239}.$$

JAMES GREGORY (1638–1675)

James Gregory darf keinesfalls mit David Gregory (1659–1708) verwechselt werden, ebenfalls Mathematiker, Freund Newtons und einer der Fürsprecher für die Verwendung des Symbols π. James ist nicht nur in der Geschichte der Astronomie als Erfinder eines leistungsfähigen Reflexionsteleskops bekannt, sondern auch für seine Beiträge zur mathematischen Analyse der Reihe von Potenzen der trigonometrischen Funktionen, sin *x*, cos *x*, tan *x* und der entsprechenden inversen Funktionen, *arcsin x*, *arccos x* und *arctan x*. Die sogenannte Gregory- oder Gregory-Leibniz-Reihe (wenn auch zuvor bereits von dem Inder Madhava von Sangamadrama entdeckt), kann wie folgt geschrieben werden:

$$\theta = \tan\theta - \frac{1}{3}\tan^3\theta + \frac{1}{5}\tan^5\theta - \ldots$$

Sie konvergiert (bleibt gültig) zwischen π/4 und -π/4. Gregory gehörte zu den ersten Forschern, die vermuteten, dass eine Quadratur des Kreises unmöglich sei.

Um dies zu erreichen, ging er wie folgt vor:

$$\tan\alpha = \frac{1}{5},$$

$$\tan 2\alpha = \frac{2\tan\alpha}{1-\tan^2\alpha} = \frac{5}{12},$$

$$\tan 4\alpha = \frac{2\tan 2\alpha}{1-\tan^2 2\alpha} = \frac{120}{119},$$

$$\tan\left(4\alpha - \frac{\pi}{4}\right) = \frac{\tan 4\alpha - 1}{1+\tan 4\alpha} = \frac{1}{239}.$$

Die Gleichung, die wir suchen, finden wir in der Umkehrfunktion, weil

$$4\alpha - \frac{\pi}{4} = \arctan\ \tan\left(4\alpha - \frac{\pi}{4}\right) = \arctan\ \frac{1}{239}.$$

In dieser Darstellung wird die Formel jetzt mit den vorhergehenden Ergebnissen neu kombiniert:

$$\arctan(x) = x - \frac{x^3}{3} + \frac{x^5}{5} - \dots$$

Damit erhalten wir schnell konvergierende Reihen, mit denen Machin π auf die 100. Dezimalstelle berechnete. Zweifellos ist der große Verdienst der Formel von Machin, dass sie ihrer Form nach trigonometrisch ist, aber eine schnelle Umwandlung in Reihen zulässt. Wenn wir später über Zacharias Dase sprechen, werden wir einigen weiteren Besonderheiten von Machin begegnen.

Heute sind Formeln nach Machin fest etablierte Werkzeuge. Sie wurden von vielen anderen weiterentwickelt, aber Machin war derjenige, der ihnen die Tür öffnete.

Band 9 der ersten Ausgabe von *L'Encyclopédie* enthielt dank der fähigen Mitarbeiter von Denis Diderot das Werk von Thomas Fantet de Lagny (1660–1734), Professor für Hydrographie und Mathematiker, der π 1719 auf die 112. Stelle berechnete. Der Franzose verwendete dieselbe Potenzreihe wie Sharp.

EINE UNWIDERSTEHLICHE VERSUCHUNG

Thomas Fantet de Lagny (1660–1734), ein in der französischen Stadt Lyon geborener Mathematiker, hat sich mit zwei mathematischen Errungenschaften seinen kleinen Platz in der Geschichte gesichert. Die erste war die Berechnung von 112 korrekten Stellen von π, was damals die weltweit beste Annäherung in dieser besonderen wissenschaftlichen Disziplin war. Die zweite, weniger wichtige und vielleicht auch zweifelhafte, passierte zum Zeitpunkt seines Todes. Man sagt, sein Kollege Maupertuis habe ihn an seinem Totenbett besucht und fand dort scheinbar einen Toten vor, der keine Lebenszeichen mehr zeigte. Um sicherzugehen, murmelte Maupertuis „Was ist 12 zum Quadrat?", in dem Wissen, dass eine numerische Seele dieser Versuchung nicht widerstehen könne. Die vermeintliche Leiche sprang aus dem Bett, antwortete mit einem entschiedenen „144!"... und fiel tot um.

Tatsächlich berechnete Lagny 127 Dezimalstellen, aber nur die ersten 112 Stellen waren richtig, wie der slowenische Soldat und Mathematiker Jurij Vega oder Veha (1754–1802) bewies. In Deutschland ist er unter dem Namen Baron Georg von Vega bekannt, weil er am Ende seines Lebens von der Habsburgermonarchie zum Ritter geschlagen wurde, was ihm jedoch das Schicksal eines Bürgerlichen nicht ersparte: Er wurde von Straßenräubern getötet. 1794 verwendete Vega eine Formel im Stil von Machin, die bereits von Euler abgeleitet worden war, um genau 137 Stellen von π zu bestimmen, diesmal ohne Fehler. Die Formel lautete:

$$\frac{\pi}{4} = 5 \arctan \frac{1}{7} + 2 \arctan \frac{3}{79}.$$

Die slowenische 50-Tolar-Banknote mit dem Bild von Jurij Vega auf der Vorderseite, zusammen mit Darstellungen von Geometrie und Mondphasen. Auf der Rückseite ist links vom Bild des Sonnensystems die Fassade der Akademie der Wissenschaften in Ljubljana zu sehen.

Zwischen 1760 und 1800 veröffentlichten mehrere Mitentdecker verschiedene Fakten über π. Johann Heinrich Lambert (1728–1777) beispielsweise, Erschaffer der hyperbolischen Geometrie, zeigte 1761 oder 1767 (das Datum ist ungewiss), dass π irrational ist, während Adrien-Marie Legendre (175–1833) schloss, dass auch π^2 irrational ist. Noch wichtiger ist jedoch womöglich die Tatsache, dass der große Leonhard Euler (1707–1783) nicht nur verschiedene Reihen mit π ableitete, sondern auch der Meinung war, dass es sich um eine transzendente Zahl handelt. So hatte er die erste gefunden, noch bevor Joseph Liouville (1809–1882) 1840 beweisen sollte, dass es transzendente Zahlen gibt.

JOHANN HEINRICH LAMBERT (1728–1777)

Dieser deutsche Mathematiker, Astronom und Physiker war der Erfinder des ersten funktionierenden Hygrometers und Photometers. Außerdem war er der Erste, der zeigte, dass π eine irrationale Zahl ist. Dies war jedoch nicht sein einziger Beitrag zur Mathematik. Er studierte die hyperbolischen Funktionen und brachte sie mit der nichteuklidischen Geometrie in Verbindung. Ebenfalls bemerkenswert sind seine Beiträge zur Kartographie, wie beispielsweise die Projektionen, die seinen Namen tragen.

Er stammte aus sehr einfachen Verhältnissen und war Autodidakt, aber keineswegs zu bescheiden, was die Einschätzung seiner Fähigkeiten betraf. Nachdem er von Friedrich II. an die Berliner Akademie berufen wurde, fragte ihn der König einmal, welche Wissenschaften er studiert habe. Er antwortete „alle", was wirklich der Fall war. Der König fuhr mit leichtem Sarkasmus fort: „Dann kennen Sie sich auch mit Mathematik aus?" „Ebenfalls", so die wahrheitsgemäße Antwort. Friedrich II. war etwas irritiert und fragte: „Wer war Ihr Lehrer?" „Ich, mein König", und auch das entsprach der Wahrheit. Bereits misstrauisch ging der König in Ironie über: „Hört! Hier haben wir einen neuen Pascal!" „Mindestens", lautete die letzte Antwort. Sein Beweis der Irrationalität von π ist nicht schwer zu verstehen und wirklich genial. Lambert bewies (das ist der schwierige Teil der Demonstration) unter Verwendung stetiger Brüche, dass wenn x eine rationale Zahl ungleich null ist, tan x irrational ist. Da $\tan\pi/4 = 1$ rational ist, muss $\pi/4$ und damit auch π irrational sein.

Bisher haben wir die Karriere Eulers im Hinblick auf die Dezimalstellen von π bewusst beiseite gelassen, weil er nie eine Rekordlänge geschafft hat und wir hier keine endlose Liste erstellen wollen. Dennoch wollen wir erwähnen, dass der Schweizer Mathematiker unter seiner ganz speziellen Anwendung der Formel von Machin einmal 20 Dezimalstellen von π in einer Stunde berechnete! 1841 ermittelte William Rutherford (1798–1871) mit Hilfe einer Formel nach Machin,

$$\frac{\pi}{4} = 4\arctan\frac{1}{5} - \arctan\frac{1}{70} + \arctan\frac{1}{99},$$

208 Stellen, wovon 152 richtig waren. 1853 setzte er die Arbeit gerüstet mit der Formel von Machin fort und erzielte einen Rekord von 440 Stellen.

WAS IST EINE TRANSZENDENTE ZAHL?

Eine Zahl wird als algebraisch bezeichnet, wenn es sich um eine Lösung einer Polynomgleichung

$$a_n x^n + a_{n-1} x^{n-1} + \ldots + a_1 x + a_0 = 0$$

mit den Koeffizienten $a_n, a_{n-1}, \ldots, a_1, a_0$ handelt, die alle rationale Zahlen sind. In der höheren Mathematik wird gezeigt, dass jede unter Verwendung der Spielregeln (d. h. nur unter Verwendung von Lineal und Zirkel in endlich vielen Schritten) konstruierbare Zahl notwendigerweise eine algebraische Zahl ist. Eine nicht algebraische Zahl wird als transzendent bezeichnet. Offenbar ist also eine transzendente Zahl nicht konstruierbar.

Johann Martin Zacharias Dase oder Dahse (1824–1861) nimmt in der Geschichte der Mathematik einen ganz besonderen Platz ein. Einer seiner Freunde, L. K. Schulz von Strassnitzky (1803–1852) gab ihm die folgende Machin-Formel:

$$\frac{\pi}{4} = \arctan\frac{1}{2} + \arctan\frac{1}{5} + \arctan\frac{1}{8}.$$

Damit berechnete Dase 1844 200 Stellen. Das Erstaunliche dabei ist, dass er das im Kopf machte – innerhalb von nur zwei Monaten. Er hatte ein unglaubliches Rechentalent, eine Art menschlicher Computer. Gauß selbst, der berühmteste Mathematiker seiner Zeit, empfahl den Behörden, Dase anzustellen, um für sie zu rechnen. Tatsächlich wurde eine Belohnung ausgesetzt, um eine Liste mit den Teilern von n Zahlen zu entwickeln – $7.000.000 < n < 10.000.000$ –, und Dase übernahm die Aufgabe, starb jedoch vor der Fertigstellung. Darüber hinaus war er das perfekte Beispiel für eine Inselbegabung. Er konnte wunderbar mit Zahlen umgehen und hatte ein enormes Gedächtnis, aber in allen anderen Lebensbereichen war er eher unbeholfen. Beispielsweise konnte er zwei achtstellige Zahlen in weniger als einer Minute multiplizieren. Für 100 Zahlen brauchte er etwas länger, etwa neun Stunden. Er hatte ein fast fotografisches Gedächtnis für das Zählen von Dingen, seien es Schafe, Buchstaben oder Dominosteine. Arthur C. Clarke fragte dahingehend in einem Brief den Paläontologen Stephen Jay Gould, welchen Sinn es für die Evolution des Menschen haben könne, im Kopf 200 Stellen von π zu berechnen. Wir kennen die Antwort nicht.

1847 verwendete der dänische Astronom und Mathematiker Thomas Clausen (1801–1885), ein Autodidakt, zwei Machin-Formeln,

$$\frac{1}{4}\pi = 2\arctan\frac{1}{3} + \arctan\frac{1}{7} ,$$

$$\frac{1}{4}\pi = 4\arctan\frac{1}{5} - \arctan\frac{1}{239} ,$$

um 248 Stellen korrekt zu berechnen. Auch er irrte in seinen Berechnungen, aber erst relativ weit hinten, da er tatsächlich 250 Stellen berechnete.

1853 erreichte sein deutscher Kollege Jacob Heinrich Wilhelm Lehmann (1800–1863) 261 präzise Stellen und erlangte Ruhm und Ehre in der Mathematik, sodass später auch ein Mondkrater nach ihm benannt wurde. Im darauffolgenden Jahr berechnete der deutsche Professor Richter 330, dann 400 und schließlich 500 Stellen.

Der englische Amateur-Mathematiker William Shanks (1812–1882) widmete der Berechnung sein Leben und erreichte 1875 707 Stellen von π, eine Leistung, die in einem berühmten Fries im Palais de la Découverte in Paris gewürdigt wird. Aber dieser Tribut zwang das Museum, den 1937 erstellten Fries später kostspielig umzugestalten, weil D. F. Ferguson 1946 bewies und im Magazin *Nature* veröffentlichte, dass nur die ersten 527 Stellen richtig waren. Die Tatsache, dass die Ziffer 7 zu oft erscheint, war verdächtig, worauf bereits Augustus Morgan (1806–1871) hingewiesen hatte.

Wie viele andere, die sehr große Berechnungen unternehmen, machte auch Shanks Fehler, und da es keine Referenzen gab, war er der Meinung, seine Zahlen wären richtig. Wir müssen daran denken, dass es zur damaligen Zeit keine Rechenmaschinen und Computer gab und alle Berechnungen auf Papier erfolgten. Man verwendete riesige Bögen, gefüllt mit Zahlen. Im Palais de la Découverte sind jetzt die richtigen Zahlen zu sehen, was kein Zugeständnis darstellt, sondern eine echte Hommage an einen erklärbaren Fehler. Mittlerweile hat man die Stellen gefunden, wo Shanks irrte; π wurde nicht in einem Schritt, sondern phasenweise berechnet.

Wir dürfen den Beitrag von Ferguson nicht vergessen, dem letzten, den wir hier erwähnen wollen, und der in den Anfängen des Computerzeitalters arbeitete. 1947 veröffentlichte er 808 Stellen von π, was ihn ein Jahr Zeit kostete, und wofür er eine mechanische Rechenmaschine, Geduld und die folgende Formel verwendete:

$$\frac{\pi}{4} = 3\arctan\frac{1}{4} + \arctan\frac{1}{20} + \arctan\frac{1}{1985} .$$

1882 holte der Deutsche Lindemann die Anhänger der Suche nach den Stellen von π auf den Boden der Tatsachen zurück, als er bewies, dass es sich nicht um eine algebraische Zahl handelt und sie somit auch nicht konstruierbar ist. Lindemann bewies die Transzendenz von π. Zu erwähnen ist, dass er für diese Demonstration, festgehalten auf ein paar wenigen, dicht beschriebenen Seiten seiner Memoiren, keine Geometrie verwendete. Damit wurde π aus seinem geometrischen Rahmen entfernt.

Die ursprüngliche Demonstration von Lindemann basiert auf denselben Zeilen, die einige Jahre zuvor bereits von Charles Hermite (1822–1901) verwendet worden waren, um die Transzendenz der Zahl *e* zu beweisen, einer weiteren berühmten Konstanten. Lindemann schloss, dass eine Linearkombination von Potenzen von *e* zu algebraischen Koeffizienten A_k und algebraischen Exponenten B_k (reell oder komplex)

$$A_1 e^{B_1} + A_2 e^{B_2} + \ldots + A_n e^{B_n} = 0$$

unmöglich war (außer für alle $A_k = 0$). Die berühmte Euler-Formel kann geschrieben werden als

$$e^{\pi i} + 1 = e^{\pi i} + e^0 = 0$$

und erfüllt damit die Bedingungen von Lindemann ($A_1 = A_2 = 1$, $B_1 = \pi i$; $B_2 = 0$), und deshalb kann πi nicht algebraisch sein, und π ebenso wenig. Und wenn π nicht algebraisch ist, dann ist es transzendent. Und wenn es transzendent ist, ist es nicht konstruierbar. Dann kommen natürlich weitere, immer weniger komplizierte Demonstrationen, aber die erste ist ausreichend, um den Glanz von π zu beflecken. Vor Lindemann war bereits bekannt, dass die Transzendenz von π die Unmöglichkeit der Quadratur des Kreises bedeuten würde, somit beendete der Beweis Lindemanns diese Fragestellung für immer. Die Quadratur des Kreises ist unmöglich.

Kapitel 2

Die unendliche Bedeutungslosigkeit und Transzendenz von π

Pi wurde seiner Maske beraubt. Man dachte, dass keiner ihm in die Augen blicken könnte, ohne dies mit dem Leben zu bezahlen. Aber einige scharfe Augen blickten hinter die Maske, erbarmungslos, kalt und hintergründig.

Bertrand Russell

Bisher haben wir Ziffer für Ziffer den Pfad von π auf der Suche nach seiner Transzendenz verfolgt, eine Reise, die schließlich von Lindemann beendet wurde. Wir wissen, dass π transzendent und nicht konstruierbar ist und dass die Quadratur des Kreises damit ewig ein Traum bleiben wird.

Um die wahre Bedeutung von π in der Welt der Mathematik zu verstehen, müssen wir uns in die stürmischen Welten der Unendlichkeit begeben. Dies ist eine ferne Welt, unendlich groß und genauso kompliziert, voller Fragen zwischen Philosophie und der realen Welt, kurz, ein ungewöhnlicher Ort selbst für ein außergewöhnliches Universum, wie es die höhere Mathematik darstellt. Aus diesem Grund werden wir die Konzepte der Unendlichkeit so weit wie möglich vereinfachen. Wir werden versuchen, das Ganze langsam anzugehen, um nicht auf die tiefer gelegenen Merkmale zu stoßen. Aber seien Sie gewarnt: Eine mathematische Reise in die Unendlichkeit ist keine triviale Angelegenheit. Sie erfordert einige Mühe und hat wie jede Reise einige entmutigende Abschnitte entlang des Weges. Mit dieser Warnung beginnen wir den Ausflug in die Unendlichkeit mit einer Frage, die absurd zu sein scheint: Was ist eine Zahl? Um dies zu beantworten, gehen wir zurück zu den Ursprüngen der Zahlen.

Zahlen und Mengen

Die Grundlage fast aller numerischen Ideen sind Mengen, einfache Sammlungen von Dingen, die wir der Bequemlichkeit halber unter Verwendung geschweifter Klammern zusammenfassen und mit Kommas voneinander trennen.

Zum Beispiel: $A = \{a, b, c, d\}$.

Damit sagen wir aus, dass unsere Menge *A* aus *a*, *b*, *c* und d besteht. Statt der Buchstaben könnten wir darin auch Tiere, Gegenstände, Menschen, Musikinstrumente oder Todsünden aufzählen. Das spielt keine Rolle. Wir betrachten das Ganze so einfach wie möglich, naiv, wie die Experten sagen würden, und sagen, eine Menge ist eine Ansammlung von Dingen oder „Elementen".

Eine Menge kann gleichmächtig (isomorph) mit anderen Mengen sein. Beispielsweise sind die Mengen

{*a*, *b*, *c*} und {*Napoleon*, ♣, *der Autor dieses Buches*}

gleichmächtig, weil sie einander elementweise zugeordnet werden können, ohne dass auf einer Seite ein Element übrigbleibt. Die Mengen

{*a*, *b*} und {*Napoleon*, ♣, *der Autor dieses Buches*}

dagegen sind nicht gleichmächtig, egal, wie sehr wir dies versuchen, weil es immer ein Element auf der rechten Seite gibt, das keinem Element der anderen Seite zugeordnet werden kann. Die Definition von Zahlen hat deshalb mit Mengen zu tun.

Eine moderne Methode, das Konzept der Zahl zu definieren, verwendet einen rekursiven Ansatz:

$$\begin{gathered} 1 = \{0\}\,; \\ 2 = \{0, 1\}\,; \\ 3 = \{0, 1, 2\}\,; \\ 4 = \{0, 1, 2, 3\}\,; \\ 5 = \{0, 1, 2, 3, 4\}\,; \\ \ldots \\ n = \{0, 1, 2, 3, 4, \ldots, n{-}1\}\,; \end{gathered}$$

Wir würden sagen, „die Menge *A* hat *n* Elemente", wenn *A* 1:1 *n* zugeordnet werden kann. Wir sagen auch, die Menge der Spieler in einer Fußballmannschaft hat 11 Elemente, oder die Menge aller Apostel hat 12 Elemente. Die Menge 11 ist nach der obigen Liste also

$$11 = \{0, 1, 2, 3, 4, 5, 6, 7, 8, 9, 10\}.$$

Und zweifellos kann sie 1:1 mit jeder Menge der Spieler einer Fußballmannschaft angeordnet werden.

Und wo ist null, das wir noch definieren müssen? Wenn wir sagen, etwas hat 0 Elemente? In der „naiven" oder grundlegenden Mengentheorie ist eine Menge eine Sammlung von Dingen. Zu diesen Sammlungen von Dingen gehören auch leere Sammlungen, die nichts enthalten. Sie sind wie leere Schachteln.

Verwechseln Sie jedoch die leere Menge nicht mit Nichts, dem metaphysischen Objekt, das Thema zahlreicher philosophischer Diskussionen ist. Die leere Menge ist eine Menge, in der sich nichts befindet. Sie ist nicht Nichts.

Um eine solche Menge darzustellen (es gibt nur eine, weil alle leeren Mengen gleich sind), hat der französische Mathematiker André Weil (1906–1998) den dänischen Buchstaben ∅ vorgeschlagen. Weil kannte das nordische Alphabet gut, weil er im Zweiten Weltkrieg in Finnland in Gefangenschaft war.

Wir stellen die leere Menge mit dem Buchstaben ∅ dar, der jede Menge verkörpert, die keine Elemente enthält. Selbst die absurdesten Definitionen sind völlig gültig:

$$\varnothing = \{\textit{fliegende Kühe}\}.$$

Wir definieren null als

$$0 = \varnothing.$$

Wir sagen, eine Menge „hat 0 Elemente", wenn sie übereinstimmend mit der Menge 0 angeordnet werden kann. (Vergessen wir jedoch nicht, dass 0 selbst das einzige Element in der Menge 1 ist).

Die Anzahl der Elemente in der Menge A wird durch das Symbol # vor der Menge dargestellt, alternativ durch die Betragsstriche um den Mengennamen. Man spricht auch von der *Kardinalität (Mächtigkeit) von* A. Wir haben also

$$\textit{Anzahl der Elemente in } A = \textit{Kardinalität von } A = \#A.$$

Im Allgemeinen unterscheiden wir zwischen endlichen und unendlichen Mengen und behalten das Konzept der „Anzahl der Elemente" den endlichen Mengen vor. Endliche Mengen könnten beispielsweise 6.241 oder 123.456.789.012 Elemente haben.

Endliche Mengen haben eine spezielle Eigenschaft: Ihre Kardinalität ist größer als die jeder ihrer Teilmengen. Wenn A beispielsweise 7 Elemente hat, hat jede Untermenge von A weniger als 7 Elemente.

Nehmen wir an

$$A = \{\textit{Schneewittchens Zwerge}\}.$$

Dann ist $\#A = 7$. Für jede Untermenge oder Teilgruppe der Zwerge B gilt $\#B < \#A$, und wir haben weniger als 7 Zwerge. Das scheint trivial zu sein, aber genau das ist es, wodurch sich die endlichen Mengen von unendlichen Mengen unterscheiden. Bei einer unendlichen Menge kann eine Teilmenge dieselbe Kardinalität wir die ursprüngliche Menge haben. Es scheint überraschend zu sein, aber es gibt dann tatsächlich Teilmengen des Ganzen, die über dieselbe Anzahl an Elementen verfügen wie die ganze Menge.

DAS HOTEL MIT UNENDLICH VIELEN ZIMMERN

Als Beispiel für eine unendliche Menge führen viele Mathematiker das Paradox des Hotels mit unendlich vielen Zimmern an, entwickelt vom deutschen Mathematiker David Hilbert: Es war einmal ein Hotel, dessen Besitzer keine Angst vor einer Überbelegung hatte. Die Zimmer waren beginnend mit 1 in fortlaufender Reihenfolge nummeriert. Es war Hochsaison, das Hotel war also voll und der Besitzer war glücklich, dass alle Zimmer belegt waren.

Aber plötzlich erhielt er eine beunruhigende Nachricht von einem Reiseunternehmen: Am nächsten Tag würde eine Flut von Gästen ankommen und sie mussten unbedingt untergebracht werden. Darüber hinaus konnte er die anwesenden Gäste nicht vor die Türe setzen. Der Besitzer, ein in Mathematik versierter Mann, bat also die anwesenden Gäste, in das Zimmer umzuziehen, dessen Zimmernummer das Doppelte ihrer aktuellen Zimmernummer war, wie in der Abbildung dargestellt.

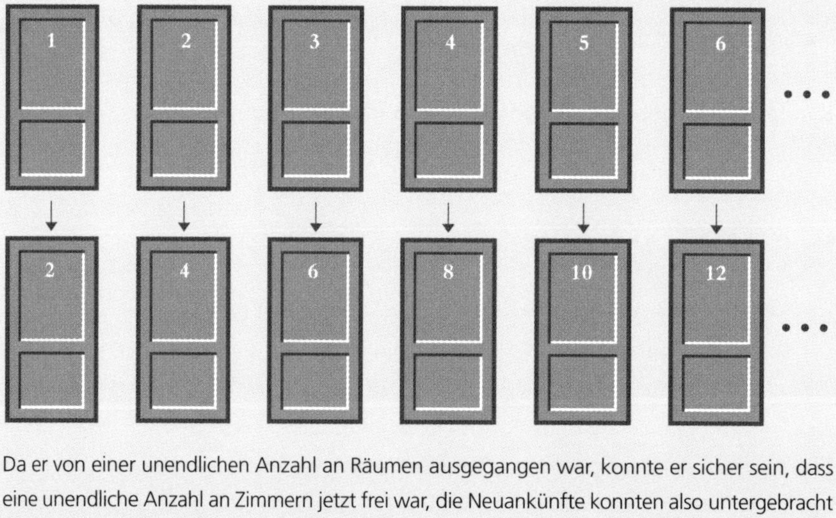

Da er von einer unendlichen Anzahl an Räumen ausgegangen war, konnte er sicher sein, dass eine unendliche Anzahl an Zimmern jetzt frei war, die Neuankünfte konnten also untergebracht werden. Der Besitzer des Hotels mit den unendlich vielen Zimmern war glücklich und zufrieden mit seinem Verständnis der Unendlichkeit.

Die einfachste unendliche Menge besteht aus allen positiven ganzen Zahlen, den sogenannten „natürlichen Zahlen“:

$$\mathbb{N} = \{0, 1, 2, 3, 4, 5, 6, 7, 8, 9, 10, 11, \ldots\}$$

Die Fachleute nennen sie $\mathbb{N}$, nach dem Anfangsbuchstaben von *natürlich*. $\mathbb{N}$ ist die Bezeichnung für die Menge der natürlichen Zahlen.

Mit Überraschung werden Sie zur Kenntnis nehmen, dass ein Teil von $\mathbb{N}$, die geraden Zahlen, mit $\mathbb{N}$ selbst gleichmächtig ist:

$$\begin{array}{ccc} 0 & \longleftrightarrow & 0 \\ 1 & \longleftrightarrow & 2 \\ 2 & \longleftrightarrow & 4 \\ 3 & \longleftrightarrow & 6 \\ 4 & \longleftrightarrow & 8 \\ 5 & \longleftrightarrow & 10 \\ 6 & \longleftrightarrow & 12 \\ 7 & \longleftrightarrow & 14 \\ \vdots & & \vdots \end{array}$$

Damit erhalten wir

$$\#\{\textit{gerade Zahlen}\} = \#\mathbb{N}.$$

Eine Untermenge von etwas Unendlichem kann also unendlich sein und sogar dieselbe Kardinalität haben wie die ganze Menge.

Natürliche Zahlen, rationale Zahlen, algebraische Zahlen

Viele Jahre, sogar Jahrhunderte lang haben die Menschen gelebt, ohne sich mit dem Thema der Unendlichkeit zu beschäftigen. Diese Gleichgültigkeit hat ein außergewöhnlicher deutscher Mathematiker durchbrochen. Sein Name war Georg Cantor.

Die Kardinalität der endlichen Mengen ist eine natürliche Zahl. Unendliche Mengen haben sehr viel höhere Kardinalitäten unendlicher Größe. Tatsächlich bezeichnen die Spezialisten sie als „transfinite“ Kardinalitäten, das bedeutet übersetzt „über das Endliche hinaus“. Die kleinste, die erste aller transfiniten Kardinalitäten ist $\#\mathbb{N}$, die

Kardinalität, die Cantor als $\aleph_0$ bezeichnete. Sie entspricht der Kardinalität der Menge der natürlichen Zahlen, also ist

$$\#\{0, 1, 2, 3, 4, 5, 6, 7, 8, 9, 10, 11, \ldots\} = \#\mathbb{N} = \aleph_0.$$

Dieses seltsame Zeichen bedarf einer Erklärung. Das Symbol $\aleph$ (ausgesprochen *Aleph*) ist der erste Buchstabe des hebräischen Alphabets. Der Index 0 bedeutet, dass wir über das niedrigste aller Alephs (Aleph null) sprechen. Es gibt nämlich natürlich noch weitere Aleph-Zahlen, alle mit eigenem Index:

$$\aleph_1, \aleph_2, \aleph_3, \aleph_4, \aleph_5, \ldots$$

Die Kardinalität $\aleph_0$ zählt gewissermaßen die Mengen, die gleichmächtig mit $\mathbb{N}$ sind. Beispielsweise gerade Zahlen, ungerade Zahlen, Vielfache von 3, Vielfache von 5 und unendlich viele andere. Die Mengen, die gleichmächtig mit $\mathbb{N}$ sind, werden als „abzählbar" bezeichnet, weil sie aufgelistet oder gezählt werden können, wie auf der gegenüberliegenden Seite gezeigt:

GEORG CANTOR (1845–1918)

Dieser in Russland geborene deutsche Mathematiker wird als einer der wichtigsten Denker der Geschichte erachtet. Er wird als Vater und Erschaffer der modernen Mengentheorie und der transfiniten Algebra gesehen. Seine innovativen Ideen brachten ihm jedoch auch zahlreiche Feinde ein, was seinen akademischen Fortschritt maßgeblich behinderte. Die stetige Depression, unter der Cantor litt – er starb in einer Psychiatrie –, wurde möglicherweise dadurch ausgelöst, dass es ihm nicht möglich war, einige seiner Annahmen zu beweisen. Heute wissen wir, dass die Antworten auf einige seiner seltsamsten Fragestellungen überhaupt nicht gefunden werden können.

$0 \longleftrightarrow 0$	$0 \longleftrightarrow 1$	$0 \longleftrightarrow 0$	$0 \longleftrightarrow 0$
$1 \longleftrightarrow 2$	$1 \longleftrightarrow 3$	$1 \longleftrightarrow 3$	$1 \longleftrightarrow 5$
$2 \longleftrightarrow 4$	$2 \longleftrightarrow 5$	$2 \longleftrightarrow 6$	$2 \longleftrightarrow 10$
$3 \longleftrightarrow 6$	$3 \longleftrightarrow 7$	$3 \longleftrightarrow 9$	$3 \longleftrightarrow 15$
$4 \longleftrightarrow 8$	$4 \longleftrightarrow 9$	$4 \longleftrightarrow 12$	$4 \longleftrightarrow 20$
$\vdots \quad \vdots$	$\vdots \quad \vdots$	$\vdots \quad \vdots$	$\vdots \quad \vdots$

Es gibt jedoch zahlreiche Überraschungen. Die unendliche Menge

$$\mathbb{Z} = \{\ldots, -11, -10, -9, -8, -7, -6, -5, -4, -3, -2, -1, 0, 1, 2, 3, 4, 5, 6, 7, 8, 9, 10, 11, \ldots\}$$

wird von den Mathematikern als die „Menge der ganzen Zahlen“ bezeichnet, und $\mathbb{N}$ ist eine Teilmenge der Menge $\mathbb{Z}$. Jede natürliche Zahl ist eine ganze Zahl, das ist klar, soweit es sich um Mengen handelt. Aber was ist mit der Kardinalität? Was ist die Kardinalität von $\mathbb{Z}$? Betrachten wir die folgende Abbildung:

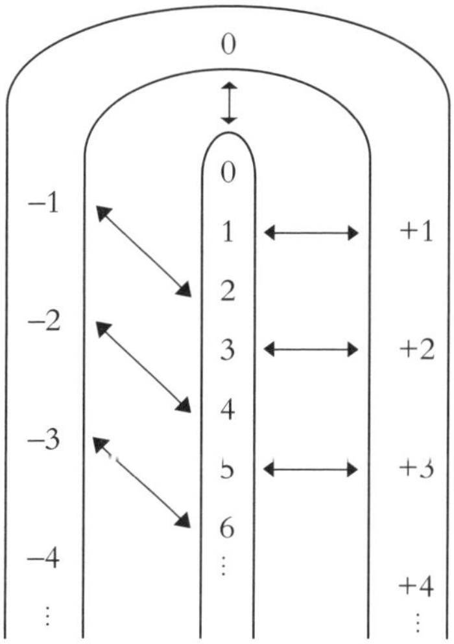

Das Ergebnis lautet $\#N = \#Z = \aleph_0$, ist also abzählbar. Jetzt gehen wir einen Schritt weiter und betrachten die Menge der Brüche. Ein Bruch hat einen Zähler und einen Nenner, dargestellt in der Form a/b. Wenn a ein Vielfaches von b ist, wird der Bruch a/b als Scheinbruch bezeichnet, und der Bruch wird auch mit der ganzen Zahl c bezeichnet, der resultierenden ganzen Zahl ohne Rest, die aus der Division von a durch b entsteht:

$$\frac{a}{b} = c.$$

Tatsächlich können mehrere Brüche mit derselben Zahl identifiziert werden:

$$\frac{756}{378} = \frac{524}{262} = \frac{6}{3} = 2.$$

Es gibt jedoch offensichtlich auch andere, wie beispielsweise 1/2 oder 5/3, die nicht ganz sind. Es gibt mehr Brüche als ganze Zahlen, weil jede ganze Zahl durch einen Bruch dargestellt werden kann. Damit gilt

$$\mathbb{N} \subset \mathbb{Z} \subset \{Brüche\}.$$

Das Symbol ⊂ bedeutet „echte Untermenge von". Es ist eine Variante des Symbols <, wird jedoch für Mengen, nicht für Zahlen verwendet. Häufig wird die Menge der Brüche mit dem Buchstaben $\mathbb{Q}$ dargestellt, und es kann gezeigt werden, dass $\mathbb{Z}$ eine Untermenge von $\mathbb{Q}$ ist. Wir können es also auch wie folgt darstellen:

$$\mathbb{N} \subset \mathbb{Z} \subset \mathbb{Q}.$$

Man könnte erwarten, dass die Kardinalität von $\mathbb{Q}$ größer als die von $\mathbb{Z}$ ist, aber wie vermutet, passiert oft etwas Unerwartetes, wenn die Unendlichkeit beteiligt ist.

Cantor hat die Brüche in einer schlängelnden Weise „nummeriert", etwa wie in der folgenden Abbildung dargestellt:

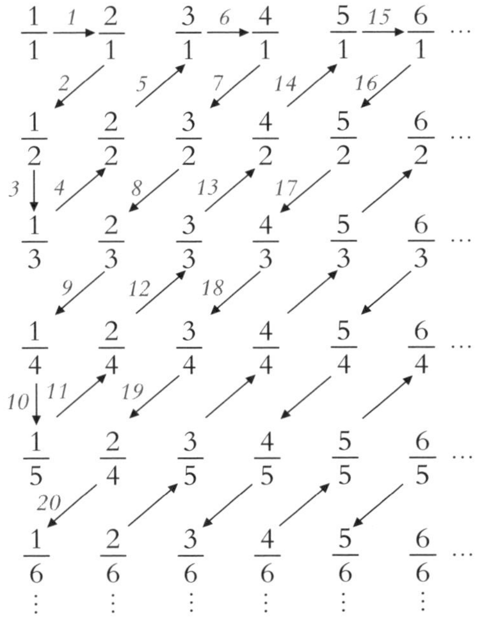

Zweifellos umfasst dies alle Brüche, da in jeder Zeile alle möglichen Zähler enthalten sind, und in den Spalten alle Nenner. Wenn wir nach einer Zahl in der Form a/b suchen, finden wir sie ganz einfach in Spalte a und Zeile b. Und ebenfalls zweifellos entspricht jeder Bruch (d. h. jede rationale Zahl) einer Folge von Pfeilen, die nacheinander zu ihm führen. Wir müssen nur die Pfeile nummerieren (1, 2, 3, 4, 5, …), um das Ergebnis zu erhalten:

$$\#\mathbb{Q} = \#\mathbb{Z} = \#\mathbb{N} = \aleph_0.$$

Und jetzt gehen wir noch einen Schritt weiter. Man sagt, eine Zahl ist *algebraisch*, wenn sie die Lösung einer Polynomgleichung ist,

$$a_n x^n + a_{n-1} x^{n-1} + \ldots + a_1 x + a_0 = 0,$$

deren Koeffizienten $a_n, a_{n-1}, \ldots, a_1, a_0$ rationale Zahlen sind. Es gibt eine riesige Menge algebraischer Zahlen, und tatsächlich ist jede rationale Zahl algebraisch. Wenn Sie eine rationale Zahl a/b haben, hat die Gleichung

$$x - \frac{a}{b} = 0$$

als eine Lösung $x = a/b$, und alle ihre Koeffizienten sind rational: $a_1 = 1$ und $a_0 = -a/b$.

Es gibt jedoch noch viele andere algebraische Zahlen. Die Zahl $\sqrt{2}$ beispielsweise ist irrational und erfüllt die Gleichung $x^2 - 2 = 0$. Es handelt sich also um eine algebraische Zahl. Selbst eine Zahl wie der goldene Schnitt, Φ, ist eine algebraische Zahl, weil sie die Gleichung $x^2 - x - 1 = 0$ erfüllt.

1874 war Cantor noch jung, doch er litt bereits unter der Geisteskrankheit, die ihn später in seinem Leben quälen sollte. Er bewies, dass die Menge der algebraischen Zahlen, die wir als $\mathbb{A}$ bezeichnen, und die sogar die rationalen Zahlen enthält, eine abzählbare Menge ist. Damit haben wir:

$$\#\{\textit{algebraische Zahlen}\} = \#\mathbb{A} = \#\mathbb{Q} = \#\mathbb{Z} = \#\mathbb{N} = \aleph_0.$$

Und jede Menge ist eine echte Obermenge der jeweils kleineren:

$$\mathbb{N} \subset \mathbb{Z} \subset \mathbb{Q} \subset \mathbb{A}.$$

Die reellen Zahlen kommen dazu

Das Universum der Zahlen ist riesig. Bisher haben wir nur einen Teil der numerischen Welt gesehen, der sich mit einem nummerierten Teil beschäftigt, der gezählt werden kann.

Die vielleicht beste Methode, über Zahlen zu sprechen, ist die Angabe ihrer Dezimaldarstellung. Wir denken also an die Menge aller Dezimalzahlen und erkunden das Land Schritt für Schritt.

Allgemein gesprochen, ist eine Dezimalzahl wie

$$34.658{,}124796$$

nichts weiter, als zu schreiben:

$\mathbf{3} \times 10^4 + \mathbf{4} \times 10^3 + \mathbf{6} \times 10^2 + \mathbf{5} \times 10^1 + \mathbf{8} \times 10^0 + \mathbf{1} \times 10^{-1} + \mathbf{2} \times 10^{-2} + \mathbf{4} \times 10^{-3} + \mathbf{7} \times 10^{-4} + \mathbf{9} \times 10^{-5} + \mathbf{6} \times 10^{-6}$.

Die Zahlen links vom Dezimalkomma haben positive Potenzen von 10, die Zahlen rechts davon haben negative Potenzen. Wir merken uns

$$a \times 10^{-n} = \frac{a}{10^n}.$$

Dezimalzahlen sind die Darstellung von Zahlen mit der Basis 10, mit einer positionellen Notation und null. Dies ist nur eine Form der Darstellung, aber tatsächlich eine wichtige Errungenschaft der Menschheit!

SIMON STEVIN (1548–1620)

Dieser niederländische Wissenschaftler, geboren in Brügge (heute Belgien), hat in den unterschiedlichsten Bereichen gearbeitet, wie beispielsweise Militärtechnik, Musik, Physik, Mathematik und Buchhaltung. Außerdem ist er als Erfinder der doppelten Buchführung in die Geschichte eingegangen, einem wenig bekannten Beitrag der Arithmetik zum Fortschritt der Zivilisation. Der Beitrag, den er zur Mathematik leistete, war jedoch noch viel wichtiger. In *De Thiende* (Die Dezimalzahlen) schuf er die Dezimalnotation, die jedoch sehr schwierig zu schreiben war. Spätere Systeme, wie beispielsweise von John Napier, waren einfacher und setzten sich deshalb durch.

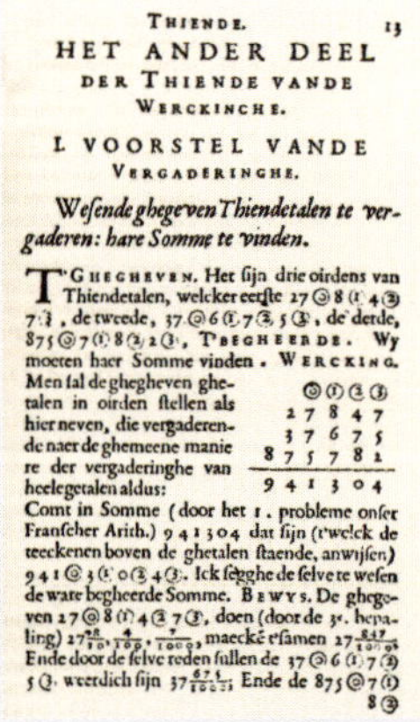
THIENDE. 13

HET ANDER DEEL DER THIENDE VANDE WERCKINGHE.

I. VOORSTEL VANDE VERGADERINGHE.

Wesende ghegeven Thiendetalen te vergaderen: hare Somme te vinden.

T'GHEGHEVEN. Het sijn drie oirdens van Thiendetalen, welcker eerste 27⓪8①4②7③, de tweede, 37⓪6①7②5③, de derde, 875⓪7①8②2③, T'BEGHEERDE. Wy moeten haer Somme vinden. WERCKING. Men sal de ghegheven ghetalen in oirden stellen als hier neven, die vergaderende naer de ghemeene maniere der vergaderinghe van heelegetalen aldus:

		⓪	①	②	③
	2	7	8	4	7
	3	7	6	7	5
8	7	5	7	8	2
9	4	1	3	0	4

Comt in Somme (door het 1. probleme onser Franscher Arith.) 941304 dat sijn (t'welck de teeckenen boven de ghetalen staende, anwijsen) 941⓪3①0②4③. Ick segghe de selve te wesen de ware begheerde Somme. BEWYS. De ghegeven 27⓪8①4②7③, doen (door de 3e. bepaling) $27\frac{8}{10}, \frac{4}{100}, \frac{7}{1000}$, maecke t'samen $27\frac{847}{1000}$. Ende door de selve reden sullen de 37⓪6①7②5③ weerdich sijn $37\frac{675}{1000}$. Ende de 875⓪7①8②

Eine Seite aus De Thiende *zeigt ein Beispiel für die Dezimaldarstellung von Stevin – ungeeignet für den häufigen Gebrauch. Einer werden mit einem kleinen Kreis mit einer 0 gekennzeichnet, Zehner mit einem kleinen Kreis mit einer 1, Hunderter mit einer 2 usw.*

Eine Dezimalzahl kann endlich sein, muss es aber nicht. Hier zwei Beispiele für jede Sorte:

$$1{,}2345678901011121314151617181920212223242526\ldots$$

$$127{,}789564.$$

Die erste Zahl ist eine Dezimalzahl mit unendlich vielen Ziffern. Die zweite besitzt diese auch, denn

$$127{,}789564 = 127{,}7895640000000000000000\ldots$$

Und wir können noch eine „komplexere“ Schreibweise finden:

$$127{,}789564 = 127{,}7895639999999999999999\ldots$$

In diesen Fällen sprechen wir jedoch von einer Dezimalzahl mit endlich vielen Ziffern oder einem endlichen Ausdruck. Die einfachsten Dezimalzahlen sind die natürlichen Zahlen ($\mathbb{N}$), weil sie positiv sind und keine Stellen hinter dem Dezimalkomma haben. Es folgen die ganzen Zahlen ($\mathbb{Z}$), die negativ sein können, aber keine Ziffern hinter dem Dezimalkomma haben. Die rationalen Zahlen ($\mathbb{Q}$) beinhalten beide und haben einen speziellen Dezimalausdruck: Die Ziffern einer rationalen Zahl haben eine Periode, d. h. sie wiederholen sich ab einem bestimmten Punkt. Sie wissen, dass rationale Zahlen Brüche sind, die alle die Form a/b haben, wobei a und b ganze Zahlen sind. Um von dieser Form zu einem dezimalen Ausdruck zu gelangen, müssen wir a durch b dividieren. Und was passiert? Da der Rest maximal b groß ist, wiederholen sich die Zahlen nach b Divisionen immer wieder. Dies kann man deutlich bei ganz grundlegenden Brüchen sehen, wie beispielsweise:

$$\frac{11}{7} = 1{,}5714285714285714 28\ldots$$

Die Periode, d. h. die wiederholte Zahlenreihe, ist immer 571428. Manchmal ist die Periode riesig – die Dezimalzahl hört natürlich nicht auf, unendlich viele Zahlen zu haben, aber sie werden unendlich oft wiederholt.

An dieser Stelle lautet die offensichtliche Frage: Wenn periodische Dezimalzahlen rationale Zahlen darstellen, was ist dann mit den Dezimalzahlen, die nicht periodisch sind? Ganz einfach: Wenn sie nicht periodisch sind, sind es keine rationalen Zahlen, sondern „irrationale“.

DAS DIAGONALVERFAHREN

Die Begründung von Cantor, die zum Beweis der Überabzählbarkeit der reellen Zahlen (von $\mathbb{R}$) führte, ist als Zeichen der Genialität in die Geschichte eingegangen. Sie ist sowohl originell als auch verständlich. Wir kennen das Diagonalverfahren auch unter der Bezeichnung Diagonalargument oder Diagonalisierung. Sehen wir uns an, was der Begriff „diagonal" bedeutet.

Wir machen das, was in der Mathematik als „Beweis durch Widerspruch" bezeichnet wird. Es beginnt mit einer Annahme oder Hypothese, und zeigt, dass diese zu einem unmöglichen Schluss führt. Aus diesem Grund kann diese Hypothese nicht zutreffen.

Wir nehmen als Hypothese (von der wir sehen werden, dass sie falsch ist) die Abzählbarkeit der Dezimalzahlen (oder reellen Zahlen) an. Wir müssen noch nicht einmal die Abzählbarkeit von allem in $\mathbb{R}$ annehmen, sondern nur der reellen Zahlen im Intervall $x(0, 1)$, d. h. die reellen Zahlen $0 < x < 1$, was ein winziger Teil von $\mathbb{R}$ ist.

Im vorliegenden Fall beginnen wir mit der Annahme, dass wir die reellen Zahlen nacheinander nummeriert und aufgelistet haben, aber nicht unbedingt in der richtigen Reihenfolge, wie nachfolgend gezeigt:

$$\begin{array}{ll}
\mathbb{N} & \leftrightarrow \text{reelle Zahlen } (0, 1) \\
1 & \leftrightarrow 0{,}835987\ldots \\
2 & \leftrightarrow 0{,}250000\ldots \\
3 & \leftrightarrow 0{,}559423\ldots \\
4 & \leftrightarrow 0{,}500000\ldots \\
5 & \leftrightarrow 0{,}728532\ldots \\
6 & \leftrightarrow 0{,}845312\ldots \\
 & \ldots \\
n & \leftrightarrow 0{,}r_1r_2r_3r_4r_5\ldots r_n\ldots
\end{array}$$

Es gibt viele irrationale Zahlen, $\sqrt{2}$ und die verschiedensten Wurzeln, wie beispielsweise $\sqrt{\frac{3\sqrt{5}+1}{2}-\sqrt[7]{3}}$ bis hin zu universellen Konstanten, wie beispielsweise π. Die nächste logische Frage lautet: „Wie viele irrationale Zahlen gibt es?"

Verwenden wir $\mathbb{R}$ als Namen für die Menge aller Dezimalzahlen, d. h. die Summe (oder Vereinigung, $\cup$) aller rationalen und irrationalen Zahlen:

$$\mathbb{R} = \{rationalen\} \cup \{irrationalen\}.$$

Wir wissen, dass die erste dieser Mengen, $\mathbb{Q}$, abzählbar ist, weil Cantor gezeigt hat, dass die Gesamtmenge, R, „nicht abzählbar ist". Aus diesem Grund kann die Menge auf

Die Liste muss alle Dezimalzahlen zwischen 0 und 1 enthalten, es wäre also falsch, eine Dezimalzahl *n* zu konstruieren, die nicht in der Liste vorhanden ist. Und dies war der Ansatzpunkt Cantors, eine neue Dezimalzahl *D* zu erfinden,

$$D = 0{,}d_1 d_2 d_3 d_4 d_5 \ldots d_n \ldots,$$

die nicht in der Liste enthalten war. Damit wurde für jedes *n* eine Zahl d_n definiert, die sich von der Zahl in Zeile *n*, Spalte *n* unterschied.
Unterscheidet sich *d* von der Dezimalzahl, die der 1 zugeordnet wurde? Ja, weil sich d_1 der Konstruktion nach von der ersten Dezimalstelle dieser Zahl unterscheidet.
Unterscheidet sich *d* von der zweiten Dezimalzahl in der Liste? Ja, weil sich die Zahl d_2 von der zweiten Ziffer der zweiten Dezimalzahl unterscheidet.
Unterscheidet sich *d* von der dritten Dezimalzahl in der Liste? Ja, weil sich die Zahl d_3 von der dritten Ziffer der dritten Dezimalzahl unterscheidet.
Dasselbe gilt gemäß der Konstruktion für die vierte, die fünfte … *n*-te Dezimalstelle:

$$d_n \neq r_n.$$

D unterscheidet sich von allen Dezimalzahlen in der Liste und ist damit nicht in der Liste enthalten. Aber hatten wir nicht angenommen, dass sie alle darin wären? Dies ist ein Widerspruch zur anfänglichen Annahme, die besagte, dass die Dezimalzahlen alle nummeriert und hintereinander aufgelistet sind. Tatsächlich waren sie es nicht und werden es auch nie sein, weil bewiesen ist, dass die Menge aller Dezimalzahlen überabzählbar ist.

$$\#\mathbb{R} > \aleph_0.$$

der rechten Seite ebenfalls nicht abzählbar sein. Andernfalls würde $\mathbb{R}$ die Vereinigung von zwei abzählbaren Mengen bilden und wäre damit ebenfalls abzählbar.

Schließlich haben wir etwas Überabzählbares gefunden, eine Menge $\mathbb{R}$, die wir nicht abzählen können, die wir nicht nummerieren können, und die sicherlich eine größere Unendlichkeit ist als alle unendlichen Mengen, die wir bisher kennengelernt haben.

Die Menge $\mathbb{R}$ ist die „Menge der reellen Zahlen“.

In der grundlegendsten Mengentheorie, die heute in den Schulen gelehrt wird, finden wir häufig Abbildungen, die graphisch darstellen, was wir bisher beschrieben haben:

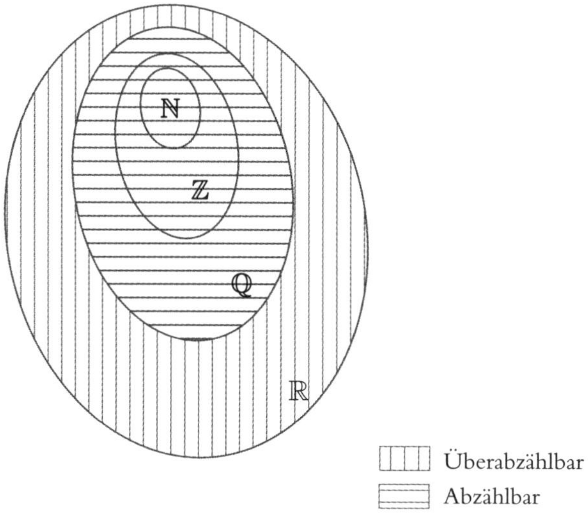

Die in ℝ enthaltenen Mengen ℕ, ℤ und ℚ sind abzählbar, ℝ dagegen nicht. Wir könnten sagen, wobei wir die Sprache leicht missbrauchen, dass fast alle Zahlen irrational sind, mit Ausnahme der rationalen Zahlen, die eine kleinere Unendlichkeit bilden, eine abzählbare Unendlichkeit. Die Zahl π ist irrational, wie von Johann Heinrich Lambert (1728–1777) um 1760 bewiesen, und gehört deshalb zu der überabzählbaren Mehrheit, die fast alle Dezimalzahlen umfasst. Aus dieser Perspektive macht π kaum eine Ausnahme. Es ist eine reelle Zahl und sie ist irrational, wie fast alle von ihnen.

Algebraische und transzendente Zahlen

Zuvor haben wir über algebraische Zahlen gesprochen. Sie erinnern sich:

1. Die algebraischen Zahlen sind diejenigen, die jede Polynomgleichung mit rationalen Koeffizienten lösen können:

$$a_n x^n + a_{n-1} x^{n-1} + \ldots + a_1 x + a_0 = 0.$$
$$a_n, a_{n-1}, \ldots, a_1, a_0 \text{ rationale Zahlen.}$$

2. Die algebraischen Zahlen bilden eine abzählbare Unendlichkeit.

Warum erscheinen sie jetzt noch einmal? Der Grund dafür ist, dass wirklich alle geometrischen Figuren in einer endlichen Anzahl an Schritten mit einem Lineal und einem Zirkel konstruiert werden können.

Die Forderung, nur das puristische griechische Lineal und den Zirkel für alle geometrischen Konstruktionen zu verwenden, hat zu einigen speziellen Segmenten (und damit einigen speziellen Zahlen) geführt, die als „konstruierbar" beschrieben wurden. Betrachten wir eine einzelne Zahl, beispielsweise $\sqrt{2}$. Dies ist eine euklidische Zahl, die perfekt mit Lineal und Zirkel dargestellt werden kann, wie in der folgenden Abbildung gezeigt:

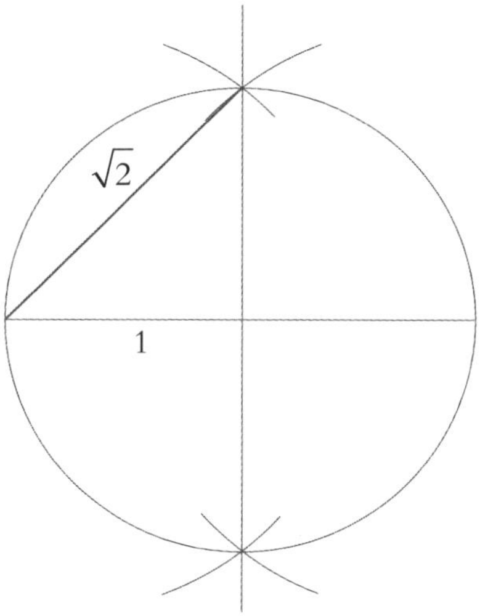

Dies ist die erste irrationale Zahl, die die Griechen gefunden haben, und sie ist direkt verantwortlich für den Namen. $\sqrt{2}$ ist nicht nur irrational, sondern auch konstruierbar und algebraisch. Wie wir gesehen haben, ist die Lösung der Polynomgleichung zweiten Grades $x^2 - 2 = 0$.

Konstruierbare Zahlen sind alle algebraisch, und wir wollen uns jetzt ansehen, warum das so ist. Wenn wir eine geometrische Form betrachten, die mit einem Lineal und einem Zirkel gezeichnet wurde, können wir höchstens Zahlen in der Form

$$x_1 = a_0 + b_0\sqrt{x_0}$$

erzeugen, wobei a_0, b_0 und x_0 rational sind. Wir werden dies nicht beweisen. Nicht, weil es kompliziert ist, sondern weil es arbeitsaufwändig ist. Die Zahl x_1 ist algebraisch. Sie ist die Lösung für eine quadratische Gleichung mit rationalen Koeffizienten, nämlich

$$x^2 - 2a_0x + a_0^2 - b_0^2x_0 = 0.$$

Dieser Ausdruck ist eine Gleichung mit rationalen Koeffizienten, weil sie alle Elemente von $\mathbb{Q}$ sind: 1 genauso wie $-2a_0$ und $a_0^2 - b_0^2 x_0$. Alle Zahlen in der Art von x_1 bilden einen sogenannten „Körper", den wir als K_0 bezeichnen, und für welchen gilt

$$\mathbb{Q} \subset K_0.$$

Das bedeutet, $\mathbb{Q}$ ist eine Untermenge von K_0. Sowohl $\mathbb{Q}$ als auch K_0 bestehen aus konstruierbaren Zahlen, enthalten aber nur algebraische Zahlen. K_0 ist größer als $\mathbb{Q}$ und enthält diese. Alle Zahlen von K_0 sind algebraisch, manche sind rational (die aus $\mathbb{Q}$), andere nicht (diejenigen, die in K_0, aber nicht in $\mathbb{Q}$ enthalten sind).

Jetzt wählen wir als Bauelement

$$x_2 = a_1 + b_1\sqrt{x_1},$$

wobei a_1, b_1 und x_1 aus K_0 stammen, und wir formen einen weiteren Körper, noch größer:

$$\mathbb{Q} \subset K_0 \subset K_1.$$

Dieser wird ebenfalls aus konstruierbaren und algebraischen Zahlen gebildet. Es ist offensichtlich, dass wir so viele Körper K_n erzeugen können, wie wir wollen:

$$\mathbb{Q} \subset K_0 \subset K_1 \subset \ldots \subset K_n.$$

Im Allgemeinen sind die geometrischen Konstruktionen, die diese charakterisieren, Gleichungen zweiten Grades (auch als quadratische Gleichungen bezeichnet), die aufeinander folgen können, die aber, wenn sie dies tun, letztlich zur Konstruktion anderer Zahlen führen, die ultimativ ebenfalls algebraisch sind.

Dank der von René Descartes im 17. Jahrhundert erfundenen analytischen Geometrie können alle geometrischen Konstruktionen in quadratische Gleichungen umgewandelt werden. Eine kompliziertere Konstruktion führt vielleicht zu einer Kette aus Gleichungen zweiten Grades, die ineinander verschachtelt sind.

Aber unabhängig davon, wie lang die Kette ist, das Ergebnis ist immer eine konstruierbare Zahl, die, wenn eine Gleichung zweiten Grades mit konstruierbaren Koeffizienten gelöst wird, algebraisch ist. Unter Verwendung geometrischer Konstruktionen verlassen wir nie den Bereich der konstruierbaren Zahlen, deshalb der algebraische Bereich. Jede konstruierbare Zahl ist algebraisch.

Wir beginnen hier nicht mit einer strengen und detaillierten Demonstration dieser Tatsache, weil wir dazu die Werkzeuge der Galois-Theorie aus der höheren Mathematik bräuchten. Die Tatsachen können graphisch dargestellt werden, wie in der Zeichnung auf der gegenüberliegenden Seite gezeigt:

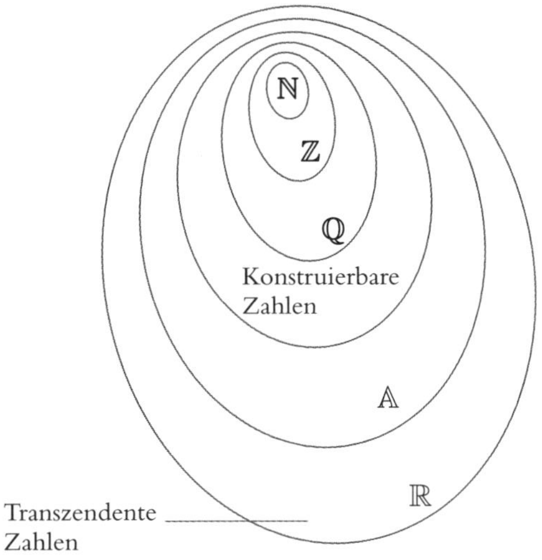

Berücksichtigen wir also das gesamte Universum der Zahlen, bewegen wir uns von der Front der algebraischen Zahlen in eine abzählbare Unendlichkeit. Aber wir wissen bereits, dass ℝ eine sehr viel größere, nicht abzählbare Unendlichkeit ist, sodass ℝ ohne die algebraischen Zahlen „fast alles" abdeckt, weil ℝ auch eine transfinite Anzahl nicht abzählbarer Komponenten besitzt.

Mathematiker bezeichnen die nicht algebraischen Zahlen (Sie erinnern sich, dass dies alle reellen Zahlen ohne die algebraischen Zahlen sind, d. h. das gesamte ℝ ohne 𝔸) als „transzendente Zahlen", weil diese Zahlen gemäß Euler „über die Leistung algebraischer Methoden hinausgehen". Diese Definition hat philosophische Konnotationen, ist aber nichtsdestotrotz absolut präzise: Eine transzendente Zahl ist einfach eine Zahl, die keine Lösung einer Polynomgleichung mit rationalen Koeffizienten ist. Alle transzendenten Zahlen sind irrational und nicht abzählbar. Ihre Kardinalitäten sind größer als $\aleph_0$.

Und wie hängt dies mit π zusammen? π ist nicht nur irrational, sondern auch transzendent, wie Lindemann 1882 bewiesen hat. Wenn π transzendent ist, ist es nicht algebraisch, nicht konstruierbar und kann deshalb nicht in einer endlichen Anzahl von Schritten mit einem Lineal und einem Zirkel konstruiert werden. Die von den Griechen begonnene Suche nach der Quadratur des Kreises war also vorbei. Aber das geheimnisvolle Streben nach dem Unerreichbaren ist noch nicht vorüber: Selbst heute erhalten gestandene Mathematiker „Beweise" für die Quadratur des Kreises zugesandt. Darunter gibt es diejenigen, die vorgekocht und eine Antwort vorbereitet haben, um die Möchtegern-Entdecker daran zu hindern, unmögliche Beweise zu verfolgen. Häufig jedoch werden solche Beweise, die auf dem Schreibtisch eines Mathematikprofessors landen, einem Studenten als Übung mitgegeben. Wenn er den Fehler findet (und es gibt immer einen), sendet er die Antwort: „Mein lieber Freund, vielen Dank für Ihre Demonstration der Quadratur des Kreises. Ich lege Ihr Original anbei und möchte Sie auf den ersten Fehler aufmerksam machen, den ich auf Seite ... Zeile ... festgestellt habe... Mit besten Grüßen usw.“ Eine freundliche Methode, das Unmögliche abblitzen zu lassen.

Letztlich gehört also die Zahl π zu den transzendenten Zahlen und es ist offensichtlich nichts Besonderes dabei. Es ist mehr als unüblich für eine Zahl, nicht transzendent zu sein. In der Zwischenzeit ist π so gewöhnlich geworden, dass niemand mehr Regelmäßigkeiten oder Unregelmäßigkeiten innerhalb seiner Ziffern gefunden hat.

TRANSZENDENTE ZUSAMMENHÄNGE VON PI

Die Zahl *e* ist die Basis natürlicher Logarithmen und ihr Wert ist 2,71828... Nach ihr ist π die am häufigsten verwendete mathematische Konstante. Wir wissen natürlich, dass

$$\pi + e = 5{,}859874482\ldots$$

Aber ob diese Zahl transzendent ist oder nicht, ist nicht bekannt. Seltsamerweise ist bekannt, dass eine der beiden Zahlen $\pi + e$ oder πe transzendent ist, aber nicht, welche davon. Außerdem ist nicht bekannt, ob π^π transzendent ist.

Auf jeden Fall ist e^π transzendent, wie dank dem mathematischen Theorem von Alexander Gelfond (1906–1968) und Theodor Schneider (1911–1988) bewiesen wurde. Allerdings ist unbekannt, ob dasselbe für π^e gilt; tatsächlich wissen wir nicht einmal, ob es rational oder irrational ist.

Ebenfalls transzendent sind $e^{\pi\sqrt{n}}$ (wenn $n \neq 0$ ist), $\pi + \ln 2$ und $\pi + \ln 2 + \sqrt{\ln 3}$.

Es ist nicht bekannt, ob $\pi + e$ oder π/e transzendent oder sogar irrational sind. Wir wissen, dass sie keine Polynomgleichung eines Grades kleiner oder gleich 8 erfüllen, mit ganzzahligen Koeffizienten 109. Dies ist nicht mathematisch relevant, aber doch interessant.

Die Quadratur des Kreises

Nachdem wir die Natur von π betrachtet und herausgefunden haben, dass es transzendent ist, ist klar, dass jeder Versuch der Quadratur des Kreises sinnlos ist. In den Tagen vor Lindemann gab es jedoch viele, die sich stark für diese Suche einsetzten, immer

ARISTOPHANES UND DIE QUADRATUR DES KREISES

Der griechische Dramatiker Aristophanes (ca. 446–386 v. Chr.) sprach in einer seiner Komödien auf eher seltsame Weise von der Quadratur des Kreises, nämlich voll der Satire. In *Die Vögel*, veröffentlicht im Jahr 414 v. Chr., beschlossen einige Bürger Athens, der Hektik der Metropole überdrüssig, eine Stadt im Himmel zu gründen. Mehrere Architekten und Planer boten dem Protagonisten Pisthetairos ihre Dienste an.

[METON]: Ich such' euch heim –
[PISTHETAIROS]: Schon wieder so ein Unhold? Was willst du hier? Was brütet dein Gehirn? Was führt dich im Kothurnschritt her zu uns?
[METON]: Vermessen will ich euch das luft'ge Land und juchartweis' verteilen –
[PISTHETAIROS]: Alle Wetter! Wer bist du?
[METON]: Wer ich bin? Ich? – Meton, den ganz Hellas und Kolonos kennt!
[PISTHETAIROS]: Sag an, was hast du da?
[METON]: Das Messzeug für die Luft! Denn schau: die Luft ist an Gestalt durchaus backofenähnlich. – Nehmen wir das Reißzeug und setzen hier den krummgebognen Fuß des Zirkels ein – verstehst du?
[PISTHETAIROS]: Nicht ein Wort!
[METON]: Nun leg' ich an das Lineal und bild' ein Viereck aus dem Kreis – hier in die Mitte da kommt der Markt, und alle Straßen führen schnurgrad zum Mittelpunkt und gehn wie Strahlen von ihm, als kugelrundem Stern, gradaus nach allen Winden –
[PISTHETAIROS]: Hört! Ein zweiter Thales!

in gutem Glauben und mit intelligenten Annäherungen. Die meisten Jäger nach Dezimalstellen von π waren eigentlich auf der Suche nach dem Quadrat. Sie waren befallen vom *morbus cyclometricus*, wie ein Spaßvogel es ausdrückte, der ansteckenden Krankheit, den Kreis quadrieren zu wollen. Eine Beschreibung des durchschnittlichen „Quadratsuchers" wäre: männlich, nicht ganz jung, die Aussagekraft des Wortes „unmöglich" nicht akzeptierend, mit wenig mathematischem Wissen, überzeugt von der Bedeutung des Problems und bestrebt Ruhm zu erlangen, unlogisch, allein und wenn das noch nicht reicht, überaus produktiver Listenführer und Schreiber. Kein besonders attraktives Porträt, aber der Realität sehr nahe.

Der römische Philosoph Boethius (ca. 480–524) erklärte in seinem *Liber circuli* – vor seiner Hinrichtung durch König Theodor nach der Verurteilung wegen Verrats –, dass er den Kreis quadriert habe, der Beweis aber zu lang sei, um ihn komplett auf Papier zu reproduzieren. Angesichts der unwiderlegbaren Tatsache, dass die Quadratur unmöglich ist, beweist dieser Satz, den Fermat später als Referenz auf sein berühmtes letztes – und für viele Jahre unbewiesenes – Theorem verwendete, dass Boethius entweder irrte oder betrügerische Absichten hegte.

Unserer Zeit näher finden wir den gefeierten Deutschen Kardinal Nikolaus von Kues (1401–1464). Seine großartige intellektuelle Leistung wurde sogar von Kepler und Cantor erwähnt, zumal er sehr fortschrittliche Ideen über die Unendlichkeit entwickelte. Er war ein hervorragender Linguist, Jurist, Philosoph, Astronom und mehr Numerologe als Mathematiker. Als Geodät hat er versucht (und seiner Aussage nach erfolgreich), den Kreis zu quadrieren. Sein Zeitgenosse Johannes Müller von Königsberg (1436–1476) jedoch, der unter dem latinisierten Pseudonym Regiomontanus (oder Regiomontano) arbeitete, ein besserer Mathematiker als der Kirchenmann und großer Bewunderer von Archimedes, widerlegte diese Behauptungen und zeigte in seiner Arbeit *De Cuadratura Circuli*, dass es kein solches Quadrat gibt. Ja, es stimmt, dass die Annäherung von π (das er als genaue Zahl angab) von Nikolas von Kues relativ gut ist: 3,1423… Regiomontanus nannte einen annähernden Wert von π von 3,14243.

Kardinal Nikolaus von Kues behauptete, die Quadratur des Kreises geschafft zu haben.

1525 versuchte auch der große Künstler Albrecht Dürer (1471–1528), den Kreis zu quadrieren, aber merkte an, dass seine Konstruktion nur eine Annäherung sei.

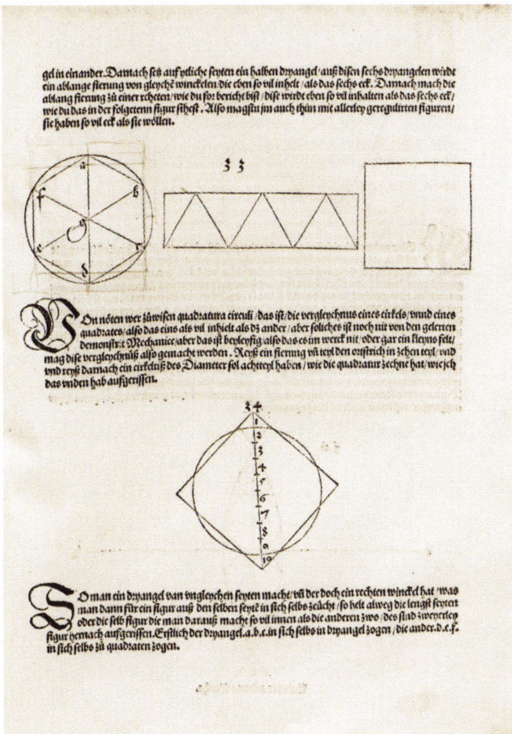
gel in einander. Damach setz auf ytliche seyten ein halben dryangel/ auß disen sechs dryangelen wirdt ein ablange fierung von gleychē winckelen/ die eben so vil inhelt/ als das sechs eck. Damach mach die ablang fierung zů einer rechten/ wie du vor bericht bist/ dise wirdt eben so vil inhalten als das sechs eck/ wie du das in der folgetenn figur sihest. Also magstu im auch thůn mit allerley geregulirten figuren/ sie haben so vil eck als sie wöllen.

33

Von nöten wer zůwissen quadratura circuli/ das ist/ die vergleychnus eines cirkels/ vnnd eines quadrates/ also das eins als vil inhielt als dz ander/ aber solichs ist noch nit von den gelerten demonstrirt Mechanice/ aber das ist beyleyfig/ also das es im werck nit/ oder gar ein kleyns felt/ mag dise vergleychnuß also gemacht werden. Reyß ein fierung vñ teyl den ortstrich in zehen teyl/ vnd vnd reyß damach ein cirkelriß des Diameter sol achtteyl haben/ wie die quadratur zechne hat/ wie ich das vnden hab aufgerissen.

34

So man ein dryangel van vngleychen seyten macht/ vñ der doch ein rechten winckel hat/ was man dann für ein figur auß den selben seytē in sich selbs zeücht/ so helt alweg die lengst seyten oder die selb figur die man darauß macht so vil innen als die anderen zwo/ des sind zweyerley figur hernach aufgerissen. Erstlich der dryangel. a. b. c. in sich selbs in dryangel zogen/ die ander. d. e. f. in sich selbs zů quadraten zogen.

Eine Seite aus Underweysung der Messung *von Dürer, die seine annähernde Quadratur des Kreises zeigt.*

Etwas später, 1585, berechnete Adriaan Anthonisz (ca. 1543–1620), Vater von Adriaan Metius (1571–1635), π als zwischen 377/120 und 333/106 liegend. Der Sohn hatte einen einfachen Zugang zur Quadratur des Kreises: Es war ausreichend, einen Mittelwert aus Zählern und Nennern zu bilden:

$$\pi = \frac{\frac{1}{2}\left(377 + 333\right)}{\frac{1}{2}\left(120 + 106\right)} = \frac{355}{113} = 3{,}14159292\ldots$$

Dies ist eine gute Annäherung, hat aber wie erwartet den Kreis nicht quadriert …

Die vielleicht bekannteste Geschichte der Quadrate ist diejenige von Thomas Hobbes (1588–1679), bekannter Philosoph und Meister des Empirismus, und John Wallis (1616–1703), einem hervorragenden britischen Mathematiker. Scheinbar erklärte Hobbes, ein sehr intelligenter Mann, aber ohne spezielle Ausbildung in Geometrie, in *De Corpore* 1655, dass er den Kreis quadriert habe, zusammen mit anderen Errungenschaften, wie beispielsweise Korrekturen verschiedener Kurven. Dies konnte nicht der Wahrheit entsprechen, und Wallis deckte in seiner Arbeit *Elenchus Geometriae Hobbianae* mehrere Fehler auf und äußerte einige recht barsche, aber richtige Meinungen über das geometrische Talent von Hobbes. Es ist anzumerken, dass Wallis Presbyterianer war, somit zweifellos verhasst für den entschieden der Hochkirche angehörigen Hobbes. Die Mathematik von Hobbes war ungenügend: Er begeisterte sich erst im Alter von 40 Jahren für Euklid, aber schließlich waren viele andere Philosophen mittelmäßige Mathematiker und erwiesen sich dennoch als relevant. Beispielsweise sagte Marx Mitte des 19. Jahrhunderts, dass der dialektische Materialismus von der Gleichung zweiten Grades abgeleitet werden könne. Hobbes hatte das Problem, dass er nicht nur seine Fehler nicht zugeben konnte, sondern dass er aufgrund seiner Veröffentlichungen in einen persönlichen Kleinkrieg geraten war. Die Titel wurden immer giftiger, waren aber sehr lustig: *Markes on the Absurd Geometry, Rural Language, Scottish Church, Politics and Barbarism of John Wallis*. Die Streitigkeiten machten vor den Gefühlen des jeweils anderen nicht Halt. Beispielsweise beschuldigte Wallis Hobbes, seine Zeitgenossen zu plagiieren: „... wenn sich etwas wirklich Gutes in Ihren Veröffentlichungen findet, dann stammt es nicht wirklich von Ihnen, sondern wurde von anderen übernommen."

Thomas Hobbes (links) und John Wallis waren in einen jahrelangen Streit verwickelt, bei dem sie Gemeinheiten über ihre Arbeiten austauschten. Der Mittelpunkt ihres Kleinkriegs war die Quadratur des Kreises.

JOHN WALLIS (1616–1703)

Das berühmte Symbol für die Unendlichkeit, ∞, steht auch für diesen hervorragenden englischen Mathematiker, der es eingeführt hat. Wallis war der Royal Society verbunden und arbeitete an der Entschlüsselung von Botschaften und darüber hinaus, der wissenschaftlichen Mode dieser Zeit entsprechend, an der Infinitesimalrechnung, für die er neue und interessante Konzepte entwickelte. Seine bemerkenswerteste Erfindung liegt im Bereich der Reihen und insbesondere Reihen mit unendlichen Produkten, womit er uns eine elegante und praktische Formel schenkte:

$$\prod_{n=1}^{\infty}\frac{(2n)(2n)}{(2n-1)(2n+1)}=\frac{2}{1}\times\frac{2}{3}\times\frac{4}{3}\times\frac{4}{5}\times\frac{6}{5}\times\frac{6}{7}\times\frac{8}{7}\times\frac{8}{9}\times\ldots=\frac{\pi}{2}.$$

Wallis war außerdem ein hervorragender Kopfrechner, womöglich, weil er unter Schlaflosigkeit litt. Er war außerdem Grammatiker, was sehr ungewöhnlich war, und wendete viel Zeit auf, um Gehörlose zu unterrichten.

Grégoire de Saint-Vincent (1584–1667), ein belgischer Jesuit, dem wir unter anderem die Polarkoordinaten zu verdanken haben, erfand ein neues System, das dem Konzept der Integration ganz ähnlich war, mit dem er korrekt die Quadratur der Hyperbel gefunden hatte – und behauptete, die Quadratur des Kreises gefunden zu haben. Seine Zeitgenossen nahmen dies mit verständlicher Skepsis auf, und schließlich entdeckte Huygens den unausbleiblichen Fehler in seiner Beweisführung. Wir erwähnen dies hier, weil seine anderweitig hervorragende Arbeit sehr viele interessante und mathematisch korrekte Dinge aufzeigt.

Ein typisches Beispiel für die Quadratur des Kreises wird von Jacob Marcelis (1636–1714) vorgelegt, einem Seifenhersteller, der behauptete, dass

$$\pi=3\times\frac{1\,008\,449\,087\,377\,541\,679\,894\,282\,184\,894}{6\,997\,183\,637\,540\,819\,440\,035\,239\,271\,702}.$$

In seiner Anthologie mathematischer Horrorszenarien, *A Budget of Paradoxes*, äußerte De Morgan einen etwas ungnädigen Kommentar über Marcelis: „Ich hoffe, seine Seifen sind besser als seine Werte von π."

Im Lauf der Zeit kommen die seltsamsten Dinge zusammen. Damit gelangen wir schließlich zu Malthulon, der 1728 behauptete, er habe das Perpetuum Mobile und gleichzeitig die Quadratur des Kreises entschlüsselt. Außerdem setzte er einen Preis für jeden aus, der auch nur einen Schritt widerlegen könne. Eine pathetische und unangebrachte Zuversicht. Es erübrigt sich zu erklären, dass seine Arbeit als falsch überführt werden konnte und Malthulon keine andere Wahl hatte, als zu zahlen. Kein Wunder, dass die französische Akademie 1753 beschloss, keine weitere Demonstrationen der Quadratur des Kreises zu untersuchen. Womöglich waren sie durch die zunehmende Anzahl an Anfragen und die Kosten für deren Überprüfung abgeschreckt, oder vielleicht wollten sich die Akademiker auch einfach ersparen, ständig von einer bestimmten Gruppe hartnäckiger, aber irrender Charaktere belästigt zu werden.

Die Parade der Quadraturen endete nicht mit Lindemann, aber zumindest war bekannt, dass ihre Demonstrationen immer falsch waren. Wir wollen diejenigen ausschließen, die, wie Srinivasa Ramanujan (1887–1920), wussten, dass es unmöglich sei, den Kreis zu quadrieren, die aber nach annähernden Konstrukten mit erstaunlicher Genauigkeit suchten. Bei einer der Konstruktionen von Ramanujan finden wir einen Wert von

$$\pi \approx \sqrt[4]{9^2 + \frac{19^2}{22}} = 3{,}1415926525826\ldots$$

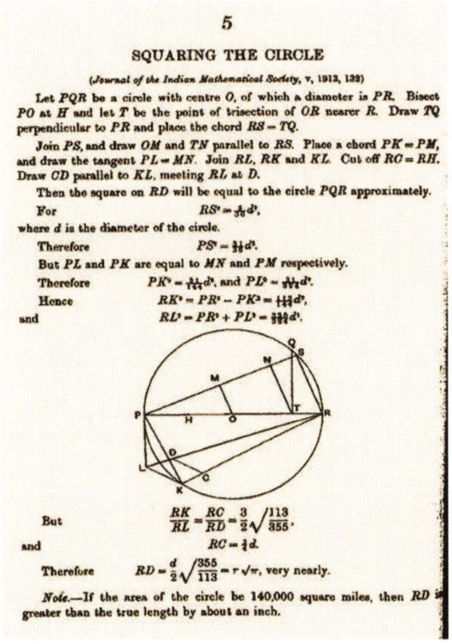

5

SQUARING THE CIRCLE

(*Journal of the Indian Mathematical Society*, v, 1913, 132)

Let PQR be a circle with centre O, of which a diameter is PR. Bisect PO at H and let T be the point of trisection of OR nearer R. Draw TQ perpendicular to PR and place the chord $RS = TQ$.

Join PS, and draw OM and TN parallel to RS. Place a chord $PK = PM$, and draw the tangent $PL = MN$. Join RL, RK and KL. Cut off $RC = RH$. Draw CD parallel to KL, meeting RL at D.

Then the square on RD will be equal to the circle PQR approximately.

For $RS^2 = \frac{5}{36}d^2$,

where d is the diameter of the circle.

Therefore $PS^2 = \frac{31}{36}d^2$.

But PL and PK are equal to MN and PM respectively.

Therefore $PK^2 = \frac{31}{144}d^2$, and $PL^2 = \frac{31}{324}d^2$.

Hence $RK^2 = PR^2 - PK^2 = \frac{113}{144}d^2$,

and $RL^2 = PR^2 + PL^2 = \frac{355}{324}d^2$.

But $\frac{RK}{RL} = \frac{RC}{RD} = \frac{3}{2}\sqrt{\frac{113}{355}}$,

and $RC = \frac{1}{3}d$.

Therefore $RD = \frac{d}{2}\sqrt{\frac{355}{113}} = r\sqrt{\pi}$, very nearly.

Note.—If the area of the circle be 140,000 square miles, then RD is greater than the true length by about an inch.

Die annähernde Konstruktion von Ramanujan zur Quadratur des Kreises. Der Fehler beträgt nur 0,0000000010072!

Kapitel 3

π und die Wahrscheinlichkeit

Die Wahrscheinlichkeitstheorie ist im Grunde genommen gesunder Menschenverstand, reduziert auf die Berechnung.
Marquis de Laplace

Was die Wahrscheinlichkeit betrifft, müssen wir wahrscheinlich tiefer in ein Konzept eintauchen, das etwas weiter von π wegführt. Zunächst können wir berichten, $0{,}6079271018\ldots = 6/\pi^2$ ist die Wahrscheinlichkeit, dass zwei zufällig gewählte ganze Zahlen teilerfremd (relativ prim) sind, wie R. Chartres 1904 erklärte. Darüber hinaus ist $\pi^2/6 = \zeta\,(2)$, womit eine seltsame Verknüpfung zwischen π und der Riemann-Funktion ζ (Zeta) eingerichtet wird. Außerdem entsteht damit eine unerwartete Beziehung zwischen π und der Wahrscheinlichkeitstheorie, weil unsere magische Zahl hier ein unerwarteter Gast ist. Und schließlich wird eine weitere Verbindung zwischen π und den Primzahlen geknüpft. Einmal stellte Augustus De Morgan einem Versicherungsvertreter eine mathematische Frage. Es ging um eine spezielle Berechnung für die Wahrscheinlichkeit, dass eine bestimmte Gruppe Menschen eine bestimmte Zeit lang leben würde, und die, wie es oft in der Wahrscheinlichkeitstheorie ist, nur mit der Zahl π ausgedrückt werden konnte. Wie kann es sein, dass bei einem Gespräch über Versicherungen π auftaucht? Was hat π hier zu suchen? Und dennoch hatte De Morgan recht. Es gab tatsächlich eine Verbindung zwischen der Lebenserwartung, den Policen und π – sie heißt „Normalverteilung".

Dieses Kapitel soll diese verborgenen Verbindungen aufzeigen. Die Geschichte beginnt mit der Ankunft eines französischen Adligen, Comte de Buffon, in der Welt der Mathematik. Buffon hatte den Einfall, das mathematische Verhalten einer Nadel zu untersuchen, die flach, ohne steckenzubleiben, in ein Gitter paralleler Linien fällt.

Eine Nadel im Heuhaufen

Probieren Sie es selbst! Zeichnen Sie mehrere gleich weit voneinander entfernte parallele Linien auf ein Blatt Papier. Anschließend werfen sie zufällig eine Nadel. Wie oft landet die Nadel auf einer der Linien?

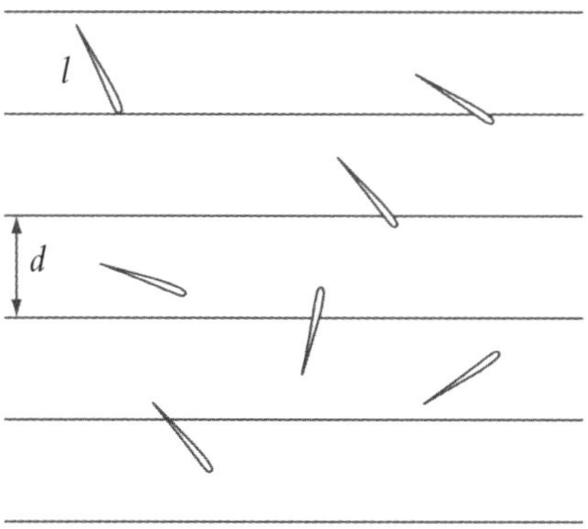

Der einfachste Fall liegt vor, wenn die Länge *l* der Nadel gleich dem Abstand *d* zwischen den Linien ist. Angenommen, *y* ist der Abstand vom Mittelpunkt der Nadel (ihrem vermeintlichen Schwerpunkt) von einer der Linien. Wenn wir annehmen, $d = l = 1$, dann sind die Berechnungen etwas einfacher. Jetzt bezeichnen wir mit *x* den Winkel zwischen der Nadel und der horizontalen Achse, gemessen in Radianten, weil wir die integrierte Analysis verwenden wollen.

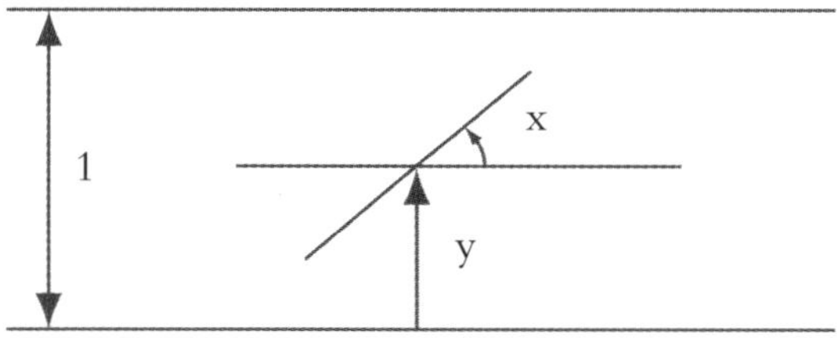

Mit etwas grundlegender Geometrie erkennen wir, dass für die Ungleichung

$$y \leq \frac{1}{2} \sin x$$

die Nadel eine Linie schneidet. Wir haben also einen Ausgangspunkt. Die folgende Abbildung ist eine graphische Darstellung der Funktion $y = \frac{1}{2} \sin x$:

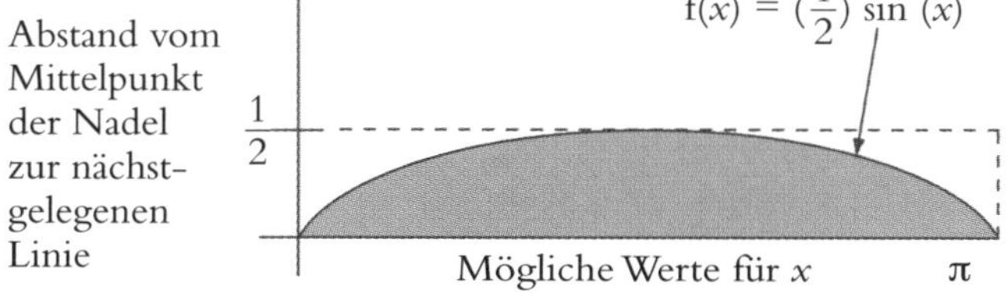

GEORGES-LOUIS LECLERC, COMTE DE BUFFON (1707–1788)

Buffon war ein Universalgelehrter und hatte vor allem einen Ruf als Naturkundler.

Dieser französische Wissenschaftler hinterließ seine Spuren in vielen verschiedenen Disziplinen. Er war Naturkundler, Schriftsteller, Biologe, Botaniker, Kosmologe und Mathematiker. Sein Meisterwerk war *Histoire Naturelle, Générale et Particulière* (Naturgeschichte im Allgemeinen und im Besonderen), das nicht weniger als 36 Bände und 8 Anhänge umfasste. In seiner Rolle als Kosmologe ist der bemerkenswerteste Beitrag von Leclerc seine Hypothese zum Alter der Erde, das er basierend auf der Geschwindigkeit berechnete, mit der eine Kugel rotglühenden Eisens abkühlt, und die in einer offiziellen Doktrin der Kirche vehement abgelehnt wurde. Er übersetzte Newton ins Französische und trug mit einem beeindruckenden selbstverlegten Titel zur Wahrscheinlichkeitstheorie bei: *Essai d'Arithmétique Morale* (Aufsatz über die moralische Arithmetik). Unter anderem war darin auch die berühmte Wahrscheinlichkeitsstudie mit einer Nadel, die auf mehrere parallele Linien fällt, enthalten.

Um die Größe des schattierten Bereichs auszuwerten, für den $y \leq ½ \sin x$ gilt, müssen wir ein Integral berechnen:

$$\int_0^{\pi} \frac{1}{2} \sin x \, dx = 1.$$

Der Wert der gesamten Fläche des Rechtecks beträgt $\pi/2$. Die Wahrscheinlichkeit, dass die Nadel auf die Linie fällt, ist der Quotient zwischen einer Fläche und der anderen:

$$\frac{1}{\frac{\pi}{2}} = \frac{2}{\pi} \approx 0{,}6366197\ldots$$

Und hier kommt π ins Spiel.

Das Problem kann auch gelöst werden, wenn $l \neq d$ ist. Wenn $l < d$ ist, erhalten wir eine Wahrscheinlichkeit von $2l/\pi d$; ist $l > d$, ist die Wahrscheinlichkeit

$$\frac{2l}{d\pi}-\frac{2}{d\pi}\left(\sqrt{l^2-d^2}+d\sin^{-1}\left(\frac{d}{l}\right)\right)+1.$$

In diesem Fall müssen wir ein doppeltes Integral lösen.

Basierend auf diesem Verfahren wurde versucht, π zu berechnen, aber die Ergebnisse waren nicht besonders zufrieden stellend. Tatsächlich können kleine Unregelmäßigkeiten der Nadel ernsthafte Fehler verursachen, deshalb wird diese Methode nicht empfohlen. Besser simuliert man das Experiment virtuell und wirft Nadeln auf einem linearen Gitter im Cyberspace. So machen es Computerprogramme.

Eine Nadel in einem Gitter

Buffon-Laplace ist der Name einer komplizierteren Version des oben beschriebenen Problems, das 1812 von Laplace in seinem *Théorie Analytique des Probabilités* (Philosophischer Versuch über die Wahrscheinlichkeit) untersucht wurde. Dabei fällt die Nadel nicht in ein Gitter gleichweit voneinander entfernter paralleler Linien, sondern in ein Gitter horizontaler und senkrechter Linien. Jede Zelle im Gitter hat die zwei Seitenlängen a und b ($a \neq b$), und wir nehmen an, dass die Nadel kürzer als beide Seitenlängen ist.

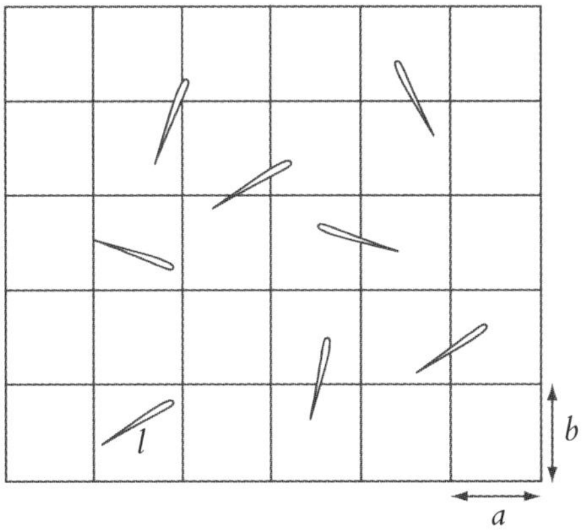

Hier brauchen wir ein etwas komplizierteres Integral als im vorherigen Fall, um zu dem Ergebnis zu gelangen. Die Wahrscheinlichkeit, dass die Nadel eine der Seiten im Gitter kreuzt, ist

$$\frac{2l(a+b)-l^2}{\pi ab}.$$

Wenn $a = b$ ist, dann ist die Wahrscheinlichkeit, dass die Nadel keine Linie kreuzt, gleich:

$$1-\frac{l(4a-l)}{\pi a^2}.$$

Die Wahrscheinlichkeit, eine Linie zu kreuzen, ist:

$$\frac{2l(2a-l)}{\pi a^2}.$$

Und die Wahrscheinlichkeit, zwei Linien zu kreuzen, ist:

$$\frac{l^2}{\pi a^2}.$$

Wir können das Problem der Nadeln verallgemeinern, indem wir das Gitter abändern und es beispielsweise dreieckig machen. Aber das überlassen wir den Spezialisten.

PIERRE-SIMON, MARQUIS DE LAPLACE (1749–1827)

Dieser französische Astronom und Mathematiker war Freund und Protegé von Napoleon und Autor der fünf Bände *Traité de Mécanique Céleste* (Mechanik des Himmels), einer der grundlegenden Texte zur Physik. Neben einem frühreifen Geist hatte Laplace auch eine erstaunliche Begabung für die mathematische Analyse und ein Verständnis für physikalische Probleme. Er trug zur Entwicklung zahlreicher Konzepte in der Wahrscheinlichkeitstheorie bei (z. B. Generierung von Funktionen, bedingte Wahrscheinlichkeit, das Nadelproblem von Buffon), in der reinen Mathematik (Potentialtheorie, Laplace-Transformation, Oberwellenanalyse) und in der Astronomie (Form der Erde, primordialer Nebel, Instabilität der Planeten) und kann ganz allgemein als Genie bezeichnet werden. Seine wissenschaftlichen Errungenschaften waren so außergewöhnlich, dass sein Gehirn nach seinem Tod entnommen und genau untersucht wurde, aber es konnte nichts Neues entdeckt werden. Er wurde zu einem der Minister von Napoleon, was ihn aber nicht daran hinderte, einen Adelstitel anzunehmen, der ihm zur Zeit der Restauration von der Bourbonenmonarchie verliehen wurde. Eine berühmte Anekdote berichtet, wie Napoleon, nachdem ihm Laplace eine Arbeit über die Astronomie übergeben hatte, das verdächtige Fehlen einer Erwähnung Gottes in dem Buch anmerkte. Die Antwort lautete „Sire, diese Hypothese habe ich nicht benötigt."

Die Normalverteilung

In vielen Aufgabenstellungen zur Wahrscheinlichkeit und Statistik, egal, ob es sich um die Höhenverteilung, den IQ, Instrumentenfehler von Teleskopen oder die Intensität eines Lasers handelt, um nur ein paar wenige zu nennen, treffen wir auf die Gaußsche „Glockenkurve". Sie entspricht einer Wahrscheinlichkeitsverteilung, die eine Dichtekurve aufweist, an der π entscheidend beteiligt ist.

Die Kurve kann zentriert und standardisiert werden, wenn wir einen Mittelwert von 0 und eine Varianz von $\sigma^2 = 1$ wählen. Die Kurve sieht dann wie eine vertraute Glocke aus, die wir hier übertrieben dargestellt haben, indem wir die Ordinaten größer gezeichnet haben.

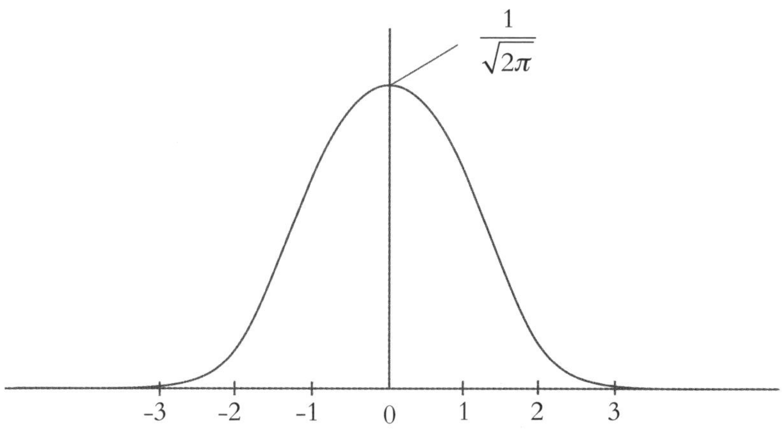

Dies entspricht der Gleichung

$$f(x) = \frac{1}{\sqrt{2\pi}} e^{\frac{-x^2}{2}}.$$

Die Wahrscheinlichkeit wird mit Hilfe eines Integrals berechnet:

$$P(x) = \frac{1}{\sqrt{2\pi}} \int_{-\infty}^{x} e^{\frac{-w^2}{2}} dw.$$

Wie Sie sehen, ist π immer dabei.

Die Normalverteilung stellt beispielsweise den Altersbereich in der Sterbetabelle dar.

Um Alexander Pope zu zitieren, könnten wir sagen, dass immer, wenn jemand stirbt, die Gaußschen Glocken für π läuten.

JOHANN CARL FRIEDRICH GAUSS (1777–1855)

Keine Beschreibung kann je einer monumentalen Persönlichkeit wie der des Mathematikers, Astronomen und Physikers Gauß gerecht werden. Seine Zeitgenossen gaben ihm den Spitznamen *Princeps Mathematicorum* (Prinz der Mathematik), das sollte für sich sprechen. Gauß, in armen Verhältnissen geboren, war ein Wunderkind in seiner Heimatstadt. Es gibt eine Geschichte aus seiner Kindheit, die vielleicht erfunden ist, aber nichtsdestotrotz sein außergewöhnliches Talent beschreibt: Ein Lehrer gab seinen Schülern die Aufgabe, alle Zahlen zwischen 1 und 100 zu addieren. Nach wenigen Minuten hatte Gauß die richtige Antwort gefunden: 5050. Wie konnte der Junge das Ergebnis berechnet haben, für das jeder andere sehr viel länger gebraucht hätte? Gauß erkannte, dass es 50 äquivalente Zahlen gab, die alle die Summe 101 hatten:

$$1 + 100 = 2 + 99 = 3 + 98 = \ldots = 48 + 53 = 49 + 52 = 50 + 51.$$

Er rechnete also $50 \times 101 = 5050$.

Gauß wurde ein äußerst produktiver Wissenschaftler, weil er sich für alles interessierte. Es gibt zahlreiche und völlig unterschiedliche Beiträge von ihm. Er skizzierte die Bedingungen für die Konstruierbarkeit regelmäßiger Polygone, formulierte den Satz für die Verteilung von Primzahlen, zeigte die grundlegenden Theoreme der Algebra, berechnete die Umlaufbahn des Zwergplaneten Ceres, sah maßgebliche Punkte der nichteuklidischen Geometrie voraus – und all dies neben etlichen Ergebnissen in der Analysis, Algebra, Zahlentheorie, Wahrscheinlichkeitstheorie und anderen Bereichen der reinen Mathematik. In der angewandten Mathematik und Physik müssen seine Arbeiten über die Landvermessung, Elektrizität und Magnetismus erwähnt werden, ebenso wie die Erfindung des Heliotrops, des Heliographen und einer Variante des Telegraphen.

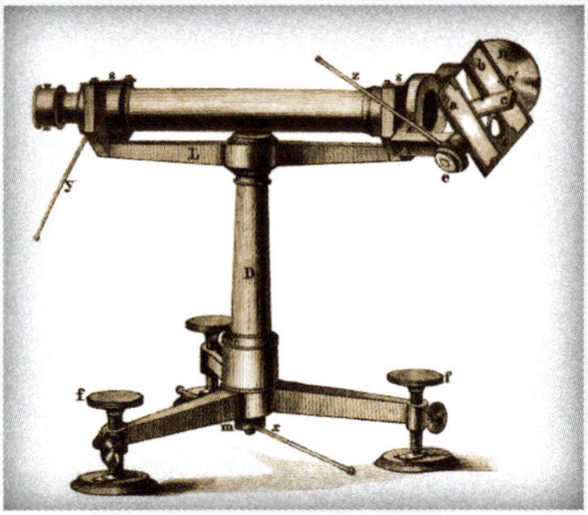

Das Heliotrop war eines der von Gauß für die Verwendung in der geodätischen Landvermessung entwickelten Werkzeuge. Dieses Gerät, das einen beweglichen Spiegel besitzt, reflektiert Sonnenlicht in einer vorbestimmten Richtung, sodass eine präzise Ausrichtung topographischer Instrumente möglich ist.

Mehr Wahrscheinlichkeit mit π

Hier folgen einige Kuriositäten für den nicht vom Fach kommenden, aber von π begeisterten Leser. Wenn die Maße eines Dreiecks mit zufällig gewählten Seiten $a, b < 1$ und $c = 1$ sind, dann ist die Wahrscheinlichkeit, dass a, b und c ein stumpfwinkliges Dreieck bilden, gleich $\frac{\pi - 2}{4}$.

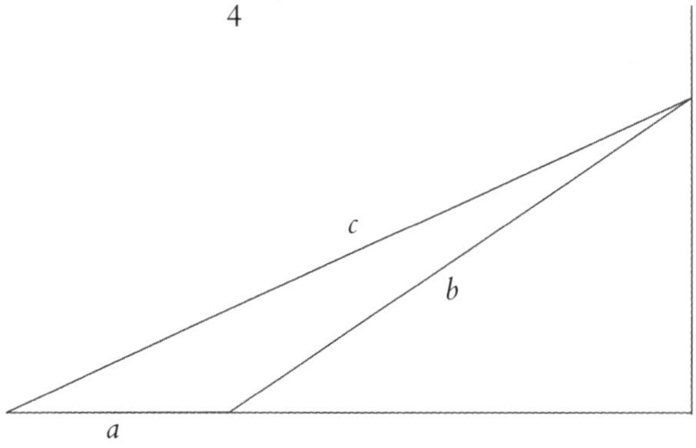

Die durchschnittliche Anzahl der Möglichkeiten (wobei die Reihenfolge berücksichtigt wird), eine natürliche Zahl als Summe von zwei Quadraten zu schreiben, beträgt $\pi/4$.

Wir sagen, dass zwei komplexe Zahlen Gaußsche Zahlen sind, wenn sie die Form $x + yi$ haben, wobei x und y ganze Zahlen sind. Gaußsche Zahlen können addiert, subtrahiert, multipliziert und dividiert werden und es entstehen daraus wieder Gaußsche Zahlen. Sie bilden das, was in der Algebra „Ganzheitsring" genannt wird. Es handelt sich dabei um eine Art Superauswahl der ganzen Zahlen, die gegenseitig genutzt werden, um die Teilbarkeit zu definieren: mit ihrem größten gemeinsamen Teiler, ihrem kleinsten gemeinsamen Vielfachen und ihren Primelementen. Die Wahrscheinlichkeit, dass sie teilerfremd (relativ prim) sind, ist $6K/\pi^2$, wobei K eine bekannte Zahl in der höheren Mathematik ist, die Catalansche Konstante. Bei normalen ganzen Zahlen beträgt die Wahrscheinlichkeit $6/\pi^2$.

Kapitel 4

Formeln mit π

Der Herrscher, dem das Orakel in Delphi gehört,
sagt nichts und verbirgt nichts, sondern gibt Zeichen.
Heraklit

Einst schrieb Lord Kelvin an die Tafel:

$$\int_{-\infty}^{+\infty} e^{-x^2}\,dx = \sqrt{\pi}\,.$$

Und zu den Studenten seiner Vorlesung sagte er: „Ein Mathematiker ist jemand, für den dies so offensichtlich ist wie 2 + 2 = 4."

Wir wollen nicht so weit gehen wie Lord Kelvin, aber wir werden Formeln mit π zeigen. Die Formulierung von Formeln ist mit Sicherheit eine Methode, den Leser abzuschrecken, deshalb haben wir versucht, das Ganze so kurz wie möglich zu halten und auf dieses Kapitel zu konzentrieren.

Einige von ihnen sind für jeden, der sich für das Thema interessiert, zwingend erforderlich und sie müssen gezeigt werden. Andere sind zwar vielleicht schwer verständlich, aber es ist in jedem Fall interessant zu erkennen, welcher Aufwand und welche Genialität erforderlich waren, um sie zu entdecken.

Ausdrücke mit π

Es gibt Formeln mit π, die immer praktisch sind, solche, die sich auf die Welt der Physik beziehen, und solche, die einfach unverständlich sind.

Die folgende Formel ist das Coulombsche Gesetz für die elektrische Kraft zwischen zwei Ladungen q_1 und q_2 in einem Abstand r, wobei ε_0 die Permittivität des Vakuums ist, ein konstanter Wert:

$$F = \frac{|q_1 q_2|}{4\pi\varepsilon_0 r^2}.$$

Dies ist Keplers drittes Gesetz, mit der Periode *P*, den Massen m_1 und m_2, der großen Halbachse *a* und der Gravitationskonstanten *G*:

$$P^2 = \frac{4\pi^2}{G(m_1 + m_2)} a^3.$$

Die Heisenbergsche Unschärferelation für ein Teilchen an der mittleren Position *x* und zum mittleren Zeitpunkt *p*, wobei *p* eine Konstante ist, die auch als Plancksches Wirkungsquantum bezeichnet wird:

$$\Delta x \Delta p \geq \frac{h}{4\pi}.$$

Die kosmologische Konstante Λ, wobei *G* die Gravitationskonstante ist, *c* die Lichtgeschwindigkeit und *p* die Dichte von Materie und Strahlung:

$$\Lambda = \frac{8\pi G}{3c^2} p.$$

Bereits hier ist zu erkennen, dass alles, was folgt, nur für Spezialisten interessant ist, deshalb enden wir hier. Es soll darauf hingewiesen werden, dass diese und andere Formeln aus der Physik nicht verwendet werden, um π zu berechnen, sondern einfach allgemeines Wissen aufzeigen sollen.

Einige mathematische Formeln mit π

Die grundlegenden Formeln beziehen sich hauptsächlich auf Kegelschnitte, so bezeichnet, weil sie entstehen, wenn ein Kegel mit einer Ebene geschnitten wird. Im Folgenden steht *r* für den Radius.

Länge des Umfangs:

$$L = 2\pi r.$$

Kreisfläche:

$$A = \pi r^2.$$

Fläche der Ellipse mit den Halbachsen *a* und *b*:

$$A = \pi ab.$$

Fläche des regelmäßigen Polygons mit n Seiten und der Seitenlänge s:

$$A = \frac{1}{4} n s^2 \operatorname{cotan}\left(\frac{\pi}{n}\right).$$

Oberfläche der Kugel:

$$A = 4\pi r^2.$$

Gesamtoberfläche eines Drehzylinders der Höhe h:

$$A = 2\pi r(r + h).$$

Gesamtoberfläche eines Drehkegels mit der Mantellinie g:

$$A = \pi r(r + g).$$

Volumen der Kugel:

$$V = \frac{4}{3}\pi r^3.$$

Volumen eines Ellipsoids mit den Halbachsen a, b und c:

$$V = \frac{4}{3}\pi abc.$$

Volumen eines geraden Zylinders der Höhe h:

$$V = \pi r^2 h.$$

Volumen eines geraden Kegels der Höhe h:

$$V = \frac{\pi r^2 h}{3}.$$

Und natürlich gibt es noch weitere Formeln mit π, in denen sehr komplizierte Integrale vorkommen.

Grundlegende Formeln

Eine grundlegende Formel ist eine Formel, die vor dem Zeitalter der Computer erfunden wurde. Nach diesem Datum wendeten die Mathematiker ihre Aufmerksamkeit hauptsächlich Verfahren zu, mit denen die Stellen von π so effektiv wie möglich berechnet werden konnten. Kriterien wie mathematische Eleganz wurden zugunsten der Berechnung vernachlässigt. Die Darstellung von Formel um Formel erscheint arbeitsaufwändig, aber es gibt wahrscheinlich keine andere Wahl:

$$\int_{-1}^{1} \sqrt{1-x^2}\, dx = \frac{\pi}{2};$$

$$\int_{-1}^{1} \frac{dx}{\sqrt{1-x^2}} = \pi;$$

$$\int_{-\infty}^{\infty} \frac{dx}{1-x^2} = \pi;$$

$$\int_{0}^{1} \frac{x^4(1-x)^4}{1+x^2}\, dx = \frac{22}{7} - \pi;$$

$$\int_{-\infty}^{\infty} e^{-x^2}\, dx = \sqrt{\pi};$$

$$\int_{0}^{\infty} \frac{\sin x}{x}\, dx = \frac{\pi}{2};$$

$$\oint \frac{dz}{z} = 2\pi i.$$

Das letzte Integral ist komplex und geht davon aus, dass der Integrationsweg um $z = 0$ gegen den Uhrzeigersinn verläuft.

Reihen belegen einen wichtigen Platz in der Umgebung von π:

$$\sum_{n=0}^{\infty} \frac{(-1)^n}{2n+1} = \frac{1}{1} - \frac{1}{3} + \frac{1}{5} - \frac{1}{7} + \frac{1}{9} - \ldots = \arctan(1) = \frac{\pi}{4};$$

$$\sum_{n=0}^{\infty} \frac{1}{(2n+1)^2} = \frac{1}{1^2} + \frac{1}{3^2} + \frac{1}{5^2} + \frac{1}{7^2} + \ldots = \frac{\pi^2}{8};$$

$$\sum_{n=1}^{\infty} \frac{(-1)^{n+1}}{n^2} = \frac{1}{1^2} - \frac{1}{2^2} + \frac{1}{3^2} - \ldots = \frac{\pi^2}{12};$$

$$\sum_{n=0}^{\infty} \frac{(-1)^n}{(2n+1)^3} = \frac{1}{1^3} - \frac{1}{3^3} + \frac{1}{5^3} - \frac{1}{7^3} + \ldots = \frac{\pi^3}{32}.$$

Und es gibt die verschiedensten Arten davon:

$$\frac{1}{4}(\pi-3)=\sum_{k=1}^{\infty}\frac{(-1)^{k+1}}{2k(2k+a)(2k+2)}=\frac{1}{2\times3\times4}-\frac{1}{4\times5\times6}+\frac{1}{6\times7\times8}-\ldots$$

$$\frac{\pi\sqrt{2}}{4}=1+\frac{1}{3}-\frac{1}{5}-\frac{1}{7}+\frac{1}{9}+\frac{1}{11}-\frac{1}{13}-\frac{1}{15}+\ldots$$

$$\frac{2^{24}76\,977\,927\pi^{26}}{27!}=\frac{1}{1^{26}}+\frac{1}{2^{26}}+\frac{1}{3^{26}}+\ldots$$

$$\frac{\pi}{4}=\sum_{n=1}^{\infty}\arctan\left(\frac{1}{n^2+n+1}\right).$$

$$\frac{11\,340}{691\pi^6}=\sum_{n\ prim}\frac{1}{n^6}=\frac{1}{2^6}+\frac{1}{3^6}+\frac{1}{5^6}+\frac{1}{7^6}+\frac{1}{11^6}+\frac{1}{13^6}+\ldots$$

Unter ihnen findet man Reihen, die mit π verknüpft sind, aber auch mit der mysteriösen Riemann-Zeta-Funktion, ζ (*s*):

$$\zeta(2)=\frac{1}{1^2}+\frac{1}{2^2}+\frac{1}{3^2}+\frac{1}{4^2}+\ldots=\frac{\pi^2}{6};$$

$$\zeta(4)=\frac{1}{1^4}+\frac{1}{2^4}+\frac{1}{3^4}+\frac{1}{4^4}+\ldots=\frac{\pi^4}{90};$$

$$\zeta(6)=1+\frac{1}{2^6}+\frac{1}{3^6}+\frac{1}{4^6}+\ldots=\frac{\pi^6}{945};$$

$$\zeta(8)=1+\frac{1}{2^8}+\frac{1}{3^8}+\frac{1}{4^8}+\ldots=\frac{\pi^8}{9450};$$

$$\zeta(2n)=\frac{1}{1^{2n}}+\frac{1}{2^{2n}}+\frac{1}{3^{2n}}+\frac{1}{4^{2n}}+\ldots=(-1)^{n+1}\frac{B_{2n}(2\pi)^{2n}}{2(2n)!}.$$

In der letzten Formel bezeichnet B_{2n} die Bernoulli-Zahlen, die in der Analysis der höheren Mathematik untersucht werden. Der Neugier halber zeigen wir die ersten:

n	0	1	2	4	6	8	10	12
B_n	1	–1/2	1/6	–1/30	1/42	–1/30	5/66	–691/2.730

Eine einfache Liste von Reihen ist wahrscheinlich nicht das, was der Leser erwartet. Wir zeigen, wie ein einfaches Beispiel funktioniert, wie etwa die erste Reihe der Liste, die sogenannte Leibniz-Formel. Wir gehen von dieser geometrischen Reihe aus:

$$\frac{1}{1+x^2} = 1 - x^2 + x^4 - x^6 + x^8 - \ldots$$

Sie konvergiert für $|x| < 1$ und kann Schritt für Schritt integriert werden. Unter Verwendung der Integralrechnung erhalten wir:

$$\arctan(x) = \arctan(x) - (0) = \arctan(x) - \arctan(0) = \int_0^x \frac{1}{1+x^2}$$

$$= \int_0^x (1 - x^2 + x^4 - x^6 + x^8 - \ldots)\, dx = \int_0^x dx - \int_0^x x^2\, dx + \int_0^x x^4\, dx$$

$$- \int_0^x x^6\, dx + \int_0^x x^4\, dx - \ldots = x - \frac{x^3}{3} + \frac{x^5}{5} - \frac{x^7}{7} + \frac{x^9}{9} - \ldots$$

Wenn wir jetzt $x = 1$ haben, erkennen wir, dass wir uns dem Ende nähern. Um die Gültigkeit der Berechnung auf $x = 1$ auszuweiten, während wir zunächst gesagt haben, dass sie nur für $|x| < 1$ gültig ist, müssen wir noch etwas mehr nachdenken. Wir schreiben die ursprüngliche Formel der geometrischen Reihe an, aber so, dass wir den Term n–1 betrachten. Den Rest schreiben wir, als handle es sich um den Term n:

$$\frac{1}{1+x^2} = 1 - x^2 + x^4 - \ldots + (-1)^n x^{2n} + \frac{(-1)^{n+1} x^{2n+2}}{1+x^2}.$$

Durch die schrittweise Integration von *0* bis *1* und für $x = 1$ ergibt sich:

$$\frac{\pi}{4} = 1 - \frac{1}{3} + \frac{1}{5} - \ldots + \frac{(-1)^n}{2n+1} + (-1)^{n+1} \int_0^1 \frac{x^{2n+2}}{1+x^2} dx.$$

In diesem Ausdruck geht der letzte Term gegen 0, wenn der Grenzwert verwendet wird. Damit ist:

$$\arctan(1) = \frac{\pi}{4} = 1 - \frac{1}{3} + \frac{1}{5} - \frac{1}{7} + \frac{1}{9} - \ldots$$

Leider ist die Reihe nicht sehr praktisch, um π zu berechnen, weil sie sehr, sehr langsam konvergiert. Um zehn Stellen zu erhalten, müssen nicht weniger als 10^{50} Terme addiert werden, eine astronomische Anzahl. Natürlich wiederholen wir den Prozess hier nicht, um die Ableitung für jede Reihe zu zeigen. Dies wäre zeitaufwändig, ermüdend und würde überdies nichts Neues zeigen. Manchmal wird diese Formel als Gregory-Leibniz-Reihe bezeichnet. Eigentlich sollte sie aber die Madhava-von-Sangamagrama-Reihe heißen, weil dieser indische Mathematiker sie als erster formuliert hat. Eine interessante Reihe ist:

$$\frac{\pi}{4} = \sum_{n=1}^{\infty} \arctan\left(\frac{1}{F_{2n+1}}\right).$$

Dabei sind die F_k die Fibonacci-Zahlen, Komponenten der Fibonacci-Folge, wobei jeder Term die Summe der beiden vorausgehenden Terme ist:

$$1, 1, 2, 3, 5, 8, 13, 21, 34, 55, 89, 144\ldots$$

Wir finden π auch in den „unendlichen Produkten". Das folgende stammt von John Wallis (1616–1703):

$$\prod_{n=1}^{\infty} \left(\frac{2n}{2n-1} \times \frac{2n}{2n+1}\right) = \frac{2}{1}\times\frac{2}{3}\times\frac{4}{3}\times\frac{4}{5}\times\frac{6}{5}\times\frac{6}{7}\times\frac{8}{7}\times\frac{8}{9}\ldots = \frac{\pi}{2}.$$

und kann unter Verwendung arbeitsaufwändiger algebraischer Umformungen abgeleitet werden vom Integral

$$\int_0^{\pi} \sin x^n \, dx.$$

Lord Brouncker (1620–1684) wandelte die Formel in einen stetigen Bruch um. Das folgende unendliche Produkt ist Euler zuzuschreiben:

$$\prod_{n\ prim} \frac{n^2}{n^2-1} - \frac{2^2}{2^2-1} \times \frac{3^2}{3^2-1} \times \frac{5^2}{5^2-1} \times \ldots = \frac{\pi^2}{6}.$$

Es hat die Besonderheit, dass es nur die Potenzen von Primzahlen enthält. Und hier ein weiteres unendliches Produkt, noch seltener:

$$\pi = \frac{2}{\prod_{k=1}^{\infty}\left(1 + \frac{\sin\left(\frac{1}{2}\pi p_k\right)}{p_k}\right)}.$$

wobei es sich um ein trigonometrisches Format handelt. Der Fantasie Eulers und seiner Ausdauer bei der Suche waren keine Grenzen gesetzt.

LEONARDO VON PISA (1170–1250)

Dieser italienische Mathematiker ist unter vielen Namen bekannt. Nach seinem Tode sprach man von ihm jedoch immer häufiger als Fibonacci (dem Sohn von Bonacci) und unter diesem Namen kennen wir ihn auch heute. Sein Vater war ein Händler, der häufig ins Ausland reiste, und Fibonacci begleitete ihn, sodass er eine kosmopolitische Ausbildung erhielt und gute Kenntnisse des indischen Zahlensystems und der arabischen Mathematik erwerben konnte. Er war in seiner Zeit hoch angesehen, befreundet mit Friedrich II., dem Kaiser des Heiligen Römischen Reichs, und er erhielt sogar ein Gehalt von der Stadt Pisa, die ihn einfach nur fürs Denken bezahlte. Der Schwerpunkt seiner Interessen lag auf praktischen Problemen, wie beispielsweise Buchhaltung und Handelsmathematik, deshalb war es nicht immer offensichtlich, wie seine Arbeit mit abstrakteren Themen zusammenhing. Einige Ergebnisse von Fibonacci fanden erst 300 Jahre nach seinem Tode wirkliche Beachtung. Seine bekannteste Arbeit ist *Liber Abaci* von 1202, wo wir die berühmte Zahlenreihe finden, die seinen Namen trägt,

$$1, 1, 2, 3, 5, 8, 13, 21, 34, 55, 89\ldots,$$

Dabei ist jeder Term die Summe der beiden vorhergehenden Terme. Fibonacci wendete diese Folge bei einer Fragestellung zur Fortpflanzung von Kaninchen an. *Liber Abaci* enthält noch weitere Aufgabenstellungen desselben Typs, aber in Europa wurde Fibonacci berühmt, weil er praktische Probleme in einer leicht verständlichen Sprache beschrieb. Mit anderen Worten, die Menschen interessierten sich nicht dafür, was er zu π zu sagen hatte, sondern vielmehr für seine Anleitungen zum positionellen Zählsystem unter Verwendung der Zahlen 1, 2, 3, 4, 5, 6, 7, 8, 9 und 0, und schätzten es, dass er klare Aussagen zur Buchhaltung, zu Gewichten, Maßen und Münzen, Zinsberechnung usw. traf. Fibonacci schrieb weitere Bücher, die sich mit reiner Mathematik beschäftigten und relevant für die Geometrie, Gleichungen und Zahlentheorie waren, aber zum damaligen Zeitpunkt nicht gewürdigt wurden, wie sie es verdient hätten.

Das nachfolgend gezeigte klassische Ergebnis stammt von François Viète (1540–1603), einem französischen Mathematiker, der in seiner Zeit als Vieta bezeichnet wurde, mit der lateinischen Form seines Namens:

$$\frac{\sqrt{2}}{2}\times\frac{\sqrt{2+\sqrt{2}}}{2}\times\frac{\sqrt{2+\sqrt{2+\sqrt{2}}}}{2}\times\ldots=\frac{2}{\pi}.$$

Dieses Produkt ist mathematisch elegant und kann algebraisch in etwas noch Feinsinnigeres umgewandelt werden, wie Joakim Munkhammar im Jahr 2000 zeigte:

$$\lim_{n\to\infty} 2^{n+1}\sqrt{2-\underbrace{\sqrt{2+\sqrt{2+\sqrt{2+\ldots+\sqrt{2}}}}}_{n\text{ mal}}}=\pi.$$

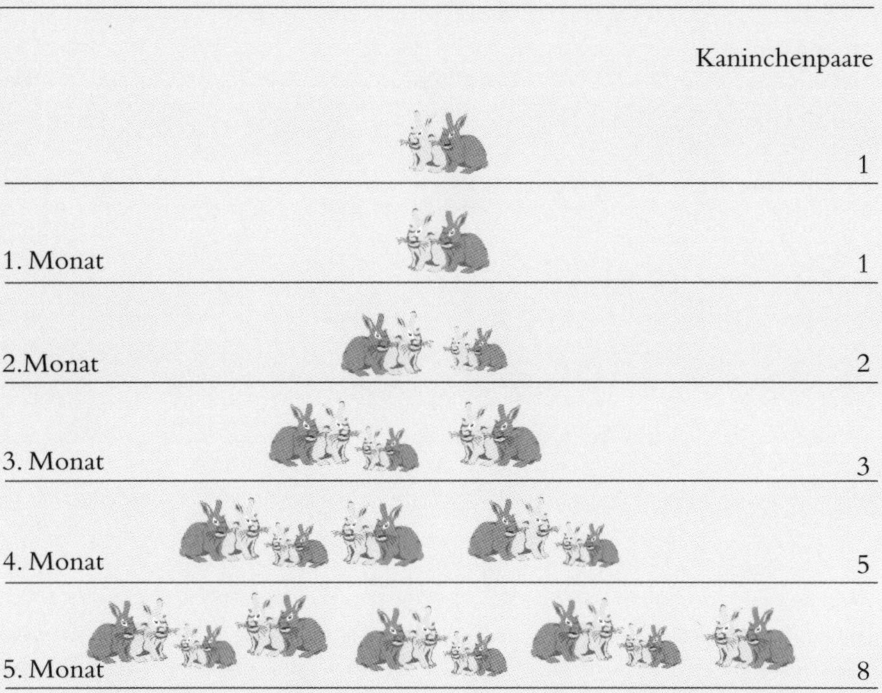

Die Anzahl der Kaninchenpaare F_n in der Generation n, vorausgesetzt, es sterben keine Kaninchen und das Ganze beginnt mit einem Paar, das sich im ersten Monat nicht fortpflanzt, gehorcht dem Gesetz $F_n = F_{n-1} + F_{n-2}$. F_n sind die sogenannten „Fibonacci-Zahlen".

Die Formel von Viète führt unter Verwendung unserer modernen Sprache zu folgender Schlussfolgerung: Wenn der Ausgangspunkt das Dreieck ist, das Archimedes verwendet hat, mit der Basis *b*, dann wird der Winkel α durch die Höhe *h* und die Seite des Dreiecks in der Abbildung bestimmt.

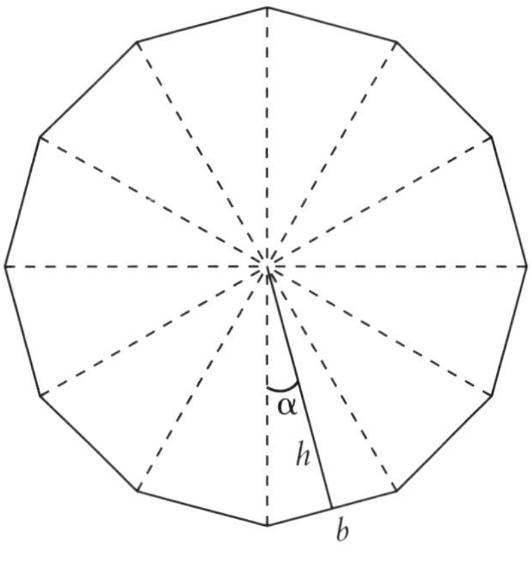

Wir haben also $A_n = n$ *(Fläche des Dreiecks)*. Unter Verwendung der Werkzeuge der grundlegenden Trigonometrie (die zufällig von Viète mit entwickelt wurden) erhalten wir:

$$A_n = \frac{1}{2} nr^2 \sin(2\alpha) = nr^2 \sin(\alpha)\cos(\alpha).$$

Unter Anwendung des Verfahrens von Archimedes und unter Verwendung eines Polygons mit doppelt so vielen Seiten ist die Seite des Polygons die Hälfte des mittleren Winkels, also:

$$A_{2n} = \frac{1}{2} 2nr^2 \sin(\alpha) = nr^2 \sin(\alpha).$$

Und wir haben das Verhältnis:

$$\frac{A_n}{A_{2n}} = \cos(\alpha).$$

Dies ist der Schlüsselpunkt, weil wir von hier über eine einfache, aber intelligente algebraische Umwandlung zu Folgendem gelangen:

$$\frac{A_n}{A_{2^k n}} = \frac{A_n}{A_{2n}} \times \frac{A_{2n}}{A_{2^2 n}} \times \ldots \times \frac{A_{2^{k-1} n}}{A_{2^k n}} = \cos(\alpha)\cos\left(\frac{\alpha}{2}\right) \times \ldots \times \cos\left(\frac{\alpha}{2^k}\right).$$

Jetzt erkennen wir leicht, dass wir für den Grenzwert mit $k \to \infty$ zu Folgendem gelangen:

$$\lim_{k \to \infty} A_{2^k n} = \pi r^2.$$

Und nach einer weiteren grundlegenden Umformung:

$$\pi = \frac{\frac{1}{2} n \sin(2\alpha)}{\cos(\alpha)\cos\left(\frac{\alpha}{2}\right)\cos\left(\frac{\alpha}{2^2}\right)\cos\left(\frac{\alpha}{2^3}\right)\ldots}.$$

Damit wird die Formel auf die Anfangsbedingungen reduziert. Wie groß war α zu Beginn? Wenn wir wie Viète zu Beginn eine Wurzel ziehen,

$$n = 4,\ \cos(\alpha) = \sqrt{\frac{1}{2}},$$

und uns daran erinnern, dass die Doppelwinkelregel der grundlegenden Trigonometrie besagt:

$$\cos\left(\frac{\chi}{2}\right) = \sqrt{\frac{1}{2} + \frac{1}{2}\cos(\chi)},$$

erhalten wir schließlich über eine weitere Methode den gewünschten Ausdruck:

$$\pi = \frac{2}{\sqrt{\frac{1}{2}} \times \sqrt{\frac{1}{2}+\frac{1}{2}\sqrt{\frac{1}{2}}} \times \sqrt{\frac{1}{2}+\frac{1}{2}\sqrt{\frac{1}{2}+\frac{1}{2}\sqrt{\frac{1}{2}}}} \times \ldots}.$$

Wir erkennen, dass es Viète nicht an Genie mangelte.

Zwei Formeln nehmen einen besonderen Platz ein. Sie werden als mathematische Schönheitsköniginnen betrachtet und heißen Eulersche Formel:

$$e^{\pi i} + 1 = 0,$$

und Stirlingsche Formel:

$$n! \underset{n\to\infty}{\sim} \sqrt{2\pi n}\left(\frac{n}{e}\right)^n.$$

DIE RIEMANNSCHE ZETA-FUNKTION

Diese legendäre komplexe Funktion, dargestellt durch den griechischen Buchstaben Zeta (ζ), deren Untersuchung uns eines Tages ein unglaubliches Verständnis über die Primzahlen verschaffen und viele ihrer Mysterien offenlegen sollte, ist nach den Studien von Euler definiert, als Reihe, ebenso wie als unendliches Produkt:

$$\zeta(s) = \sum_{n\geq 1} \frac{1}{n^s} = \prod_{p\ prim} \frac{1}{1-p^{-s}}.$$

Die Funktion ist natürlich im komplexen Bereich definiert, bestehend aus den Realteilen komplexer Zahlen größer 1. Sie setzt sich auf einzigartige Weise fort, wie Georg Friedrich Bernhard Riemann (1826–1866) für die gesamte komplexe Ebene in einer analytischen Funktion zeigte, und ist meromorph mit einem einzigen Pol $s = 1$. Die Riemannsche Vermutung besagt, dass nicht-triviale Nullstellen von ζ auf der Geraden liegen, die durch die komplexen Zahlen mit dem Realteil ½ gebildet wird. All dies scheint (und ist) schwer zu verstehen, ebenso wie die Verknüpfung zwischen π und der ζ-Funktion. Dafür müssen die Werte von ζ (s) ausgewertet werden, weil π in allen Werten erscheint, die einem ganzzahligen und geraden s entsprechen. Die nächste Reihe ist ebenfalls interessant, gefunden von Philippe Flajolet und Ilan Vardi:

$$\pi = \sum_{n=1}^{\infty} \frac{3^n - 1}{4^n}\zeta(n+1).$$

Wenden wir uns den Kettenbrüchen zu, werden die Methoden für die Berechnung von π nicht einfacher zu merken (zuerst berechnet von Lambert):

$$\pi = 3+\cfrac{1}{7+\cfrac{1}{15+\cfrac{1}{1+\cfrac{1}{292+\cfrac{1}{1+\cfrac{1}{1+\cfrac{1}{1+\cfrac{1}{2+\cfrac{1}{\ddots}}}}}}}}}.$$

Es gibt andere, weniger kanonische Brüche, die symmetrischer sind:

$$\pi = \cfrac{4}{1+\cfrac{1}{3+\cfrac{4}{5+\cfrac{9}{7+\cfrac{16}{9+\cfrac{25}{11+\cfrac{36}{13+\cfrac{49}{\ddots}}}}}}}}.$$

$$\pi = 3+\cfrac{1}{6+\cfrac{9}{6+\cfrac{25}{6+\cfrac{49}{6+\cfrac{81}{6+\cfrac{121}{\ddots}}}}}}.$$

Die Formel von Lord Brouncker ist die letzte auf der Liste, wenn auch algebraisch umgeformt. Die Schönheit der Kettenbrüche liegt darin, dass bei einem „Schnitt“ durch den „Turm“ der resultierende Bruch die bestmögliche rationale Annäherung an die Zahl liefert, die sie darstellen. Wenn wir an irgendeinem Punkt in der Entwicklung des Kettenbruchs von π anhalten und den Faden zurückverfolgen, erhalten wir die bestmögliche rationale Annäherung.

WAS IST EIN KETTENBRUCH?

Zu lernen, wie ein Kettenbruch generiert wird, kann eine komplizierte Aufgabe sein, bietet aber nützliche Einsichten.
Angenommen, wir arbeiten mit einer nicht ganzen Zahl N, die grundsätzlich ein Komma und Nachkommastellen hat. Wenn wir den ganzzahligen Teil abspalten, den wir $[N]$ nennen, erhalten wir $N - [N]$, das offensichtlich zwischen 0 und 1 liegt.

Wenn wir jetzt das Inverse von $N - [N]$ bilden, nämlich $\frac{1}{N-[N]}$, ist dieses größer als 1, und wir nennen es einfach N_1.
Damit erhalten wir:

$$N-[N]=\frac{1}{N_1} \text{ oder } N=[N]+\frac{1}{N_1}.$$

Durch Abspaltung des ganzzahligen Teils von N_1 und Wiederholung des Verfahrens erhalten wir einen zweiten Bruch:

$$[N]+\cfrac{1}{[N_1]+\cfrac{1}{N_2}}.$$

Und so weiter:

$$[N]+\cfrac{1}{[N_1]+\cfrac{1}{[N_2]+\cfrac{1}{N_3}}}.$$

Wenn der Prozess nicht endet, erhalten wir einen Turm aus Brüchen:

$$[N]+\cfrac{1}{[N_1]+\cfrac{1}{[N_2]+\cfrac{1}{[N_3]+\cfrac{1}{\dots}}}}$$

Wenn der Prozess endet, ist N eine rationale Zahl, ganz oder als Bruch oder in Dezimaldarstellung, endlich oder periodisch. Im Fall von π, das irrational ist, ist der Kettenbruch ein unendlicher Turm. Die Folge, normalerweise dargestellt als

$$[[N]; [N_1], [N_2], [N_3]\dots],$$

identifiziert N und den diese Zahl darstellenden Kettenbruch.

Halten wir beispielsweise bei [3, 7, 15] an, erhalten wir:

$$3+\cfrac{1}{7+\cfrac{1}{15}}=3+\cfrac{1}{\cfrac{106}{15}}=3+\frac{15}{106}=\frac{333}{106}\approx 3{,}141509\ldots$$

Der Bruch $\frac{333}{106}$ ist die beste rationale Annäherung, d. h. jeder, der sie verbessern will, muss zwingend einen größeren Nenner verwenden. Diese Annäherung $\frac{333}{106}$ wurde von Rivard zu seiner Zeit entwickelt, und sie ist wirklich hervorragend. Die sogenannte John-Machin-Formel,

$$\frac{\pi}{4}=4\ \arctan\left(\frac{1}{5}\right)-\arctan\left(\frac{1}{239}\right),$$

und andere wurden abgeleitet und berechnet, um die Dezimalstellen von π zu berechnen. Später werden wir zwei von ihnen sehen, mit denen Kanada 1.241.100.000.000 Stellen von π berechnet hat.

JOHN MACHIN (1680–1751)

Dieser englische Mathematiker war 20 Jahre lang Sekretär bei der Royal Society, in die Geschichtsbücher ist er aber nur dank einer einzigen Formel gelangt, die seinen Namen trägt. Sie gestattet zusammen mit der Taylor-Reihe die Berechnung von π, weil sie relativ schnell konvergiert. Heute kennt man zahlreiche Machin-ähnliche Formeln, beispielsweise

$$\begin{aligned}\frac{\pi}{4}=&183\ \arctan\left(\frac{1}{239}\right)+32\ \arctan\left(\frac{1}{1023}\right)-68\ \arctan\left(\frac{1}{5832}\right)\\&+12\ \arctan\left(\frac{1}{113021}\right)-100\ \arctan\left(\frac{1}{6826318}\right)-12\ \arctan\left(\frac{1}{33366019650}\right)\\&+12\ \arctan\left(\frac{1}{43599522992503626068}\right).\end{aligned}$$

Diese Berechnung stammt von Hwang Chien-Lih, der sie 2003 veröffentlichte.

Formeln für Fortgeschrittene

Der indische Mathematiker Ramanujan ebnete den Weg, als er um 1910 die folgende Formel (sowie 16 weitere) veröffentlichte:

$$\frac{1}{\pi} = \frac{2\sqrt{2}}{9\,801}\sum_{k=0}^{\infty}\frac{(4k)!(1\,103+26\,390k)}{(k!)^4\,396^{4k}}.$$

Sie besitzt die bemerkenswerte Eigenschaft, dass sie bei jeder Berechnung mit einem weiteren Term acht Dezimalstellen produziert. Es dauerte jedoch ein Dreivierteljahrhundert, dies zu beweisen, weil Ramanujan sich nicht damit aufgehalten hat. Bill Gosper, einer der ersten Hacker der Geschichte, berechnete damit siebzehn Millionen Stellen. Die Variante

$$\frac{1}{\pi} = 12\sum_{n=0}^{\infty}\frac{(-1)^n(6n)!(13\,591\,406+54\,514\,0134n)}{(n!)^3(3n)!(640\,320^3)^{n+\frac{1}{2}}}$$

erhöhte die Zahl von acht auf vierzehn Dezimalstellen. Darüber hinaus konnte die Berechnung auf mehrere Maschinen aufgeteilt werden.

Die oben genannte Formel, die Arbeit der Chudnovsky-Brüder, wurde 1987 entwickelt, und wir zeigen sie hier, um zu demonstrieren, wie schnell sich in der Welt der Computer alles weiterentwickelt. Im 21. Jahrhundert wird die Formel für PC-Bewertungen verwendet, nicht mehr für genauere Berechnungen.

Diese algebraischen Formeln scheinen vielleicht kompliziert zu sein, dennoch tauchen sie in einem Film von Walt Disney auf, *High School Musical.* Zwei der Formeln sind dort an die Tafel geschrieben, und eine von ihnen enthält sogar einen Fehler, der im Verlauf der Geschichte korrigiert wird, um den Humor der Autoren zu betonen.

Mit dem ENIAC (Electronic Numerical Integrator And Computer) wurden 1946 Computer in die Analysis eingeführt und alles änderte sich. Damit natürlich auch die Berechnung der Stellen von π. Der ENIAC war der erste funktionale elektronische Computer, mit dem nur Berechnungen durchgeführt wurden. Sein unmittelbarer Vorgänger ist die Colossus-Maschine, die von Alan Turing (1912–1954) für militärische Zwecke verwendet wurde, insbesondere um deutsche Geheimnachrichten zu dekodieren. Der ENIAC wurde von John Presper Eckert (1919–1995) und

SRINIVASA RAMANUJAN (1887–1920)

Dieser Inder war einer der erstaunlichsten Mathematiker, die jemals gelebt haben. Er wurde in einer armen Familie geboren, war Autodidakt, nachdem er nur ein Nachschlagewerk der Mathematik gelesen hatte, ohne Beweise oder vollständige Beschreibungen. Er schrieb mehreren berühmten europäischen Mathematikern und schickte ihnen einige seiner Ergebnisse (120 Theoreme), erhielt jedoch nur eine einzige Antwort von G. H. Hardy (1877–1947) aus Cambrigde, der das Manuskript in einer Nacht in Anwesenheit seines Kollegen J. E. Littlewood (1885–1977) gelesen hatte und dabei seinen Augen kaum traute. Die Formeln in dem Brief, wie Hardy selbst sagte, müssen richtig sein, weil niemand genügend Fantasie hat, um sie zu erfinden. In jedem Fall waren sie erstaunlich. Einige waren vergleichbar mit den Ergebnissen, die Hardy und Littlewood selbst erarbeitet hatten, andere waren ebenso originell wie seltsam. Später zog Ramanujan auf Kosten von Hardy nach Großbritannien und erhielt ein Stipendium der Universität Cambridge. Er war bis zu seinem Tode aktiv, der früh kam, weil er an Tuberkulose litt. Trotz der Originalität seiner Ergebnisse ist sein mathematischer Beitrag verwirrend und schwer zugänglich. Häufig zeigt er keinen Rechenweg zu einer Formel.

Er war ein sehr religiöser Mensch und Vegetarier. Die berühmteste Anekdote über ihn, die sogenannte Taxi-Geschichte, beschreibt ihn sehr treffend. Ramanujan lag wegen seiner Tuberkulose im Krankenhaus und Hardy besuchte ihn. Er sagte, er sei mit dem Taxi gekommen, das die Nummer 1729 hatte, in der Hoffnung, das sei keine Unglückszahl. „Überhaupt nicht", antwortete Ramanujan.

„Es ist die kleinste mögliche natürliche Zahl, die man auf zwei verschiedene Weisen als Summe zweier unterschiedlicher Kubikzahlen ausdrücken kann." Und das war richtig, weil $1729 = 9^3 + 10^3 = 1^3 + 12^3$, und 1729 ist die kleinste mögliche Zahl, die diese Eigenschaft besitzt. Die Geschichte wäre nicht so bedeutsam, hätte nicht Hardy selbst mehrere Wochen für den Beweis gebraucht. Und die genaue Untersuchung des Problems kostete ihn nahezu 35 weitere Jahre. Heute untersuchen wir diese Zahlen immer noch, man spricht von Taxicab-Zahlen.

John William Mauchly (1907–1980) gebaut. Seine Größe und sein Stromverbrauch waren legendär: Er bestand aus fast 100.000 Komponenten, unter anderem Widerständen, Relais, Dioden, Vakuumröhren, Kondensatoren usw. Er wog über 27 Tonnen, war länger als 30 m und seine Wärmeabstrahlung heizte den Raum auf 50 °C auf. Und unter all dem Aufwand gestattete er, 5.000 Additionen in einer Sekunde durchzuführen, tausendmal schneller als alle existierenden Geräte (und viele Millionen Mal langsamer als ein aktueller P.C). Er konnte 200 Stellen im Speicher speichern. Er wurde über eine direkte Verdrahtung programmiert, was oft mehrere Tage dauerte. Er war deshalb so groß, weil es keine Minitransistoren oder -schaltkreise gab. Und er konnte nicht mit der Von-Neumann-Architektur mithalten, bei der Daten und Programme innerhalb desselben Speichers abgelegt wurden.

Der ENIAC brauchte 70 Stunden, um die ersten 2.037 Stellen von π zu berechnen. Die folgende Tabelle, die auch das Jahr und die Anzahl der berechneten Stellen enthält, verdeutlicht, wie bedeutsam der Einsatz von Computern ist:

1949	D. F. Ferguson und John W. Wrench, unter Verwendung einer nicht elektronischen Rechenmaschine	1.120
1949	John W. Wrench, Jr. und L.B. Smith, bereits mit Hilfe des ENIAC	2.037
1958	François Genuys	10.000
1961	Daniel Shanks und John W. Wrench	100.265
1973	Jean Gilloud und Martin Bouyer	1.001.250
1983	Yasumasa Kanada und Yasunori Ushiro	10.013.395
1987	Yasumasa Kanada, Yoshiaki Tamura und Yoshinobu Kubo	134.214.700
1989	Gregory V. Chudnovsky und David V. Chudnovsky	1.011.196.691
2002	Yasumasa Kanada und ein Team aus neun Spezialisten	1.241.100.000.000
2009	Daisuke Takahashi und Informatiker	2.576.980.370.000
2010	Fabrice Bellard	2.699.999.989.951
2011	Shigeru Kondo	10.000.000.000.050

1973 konnten Gilloud und Bouyer mit Hilfe einer alten Eulerschen Formel kombiniert mit einer anderen weiteren vom Typ der Machin-Formel eine Million Stellen von π berechnen:

$$\pi = 864\sum_{n=0}^{\infty}\frac{(n!)^2 4^n}{(2n+1)!325^{n+1}} + 1824\sum_{n=0}^{\infty}\frac{(n!)^2 4^n}{(2n+1)!3\,250^{n+1}} - 20\arctan\left(\frac{1}{239}\right).$$

Das Lustige daran ist, dass die zweite Summe ausreicht, um die erste zu berechnen, allerdings an einer anderen Dezimalstelle. Unabhängig wie groß sie sind, unterscheiden sich beide Summen nur durch die Anzahl der Nullen vor ihnen.

1976 wurde der Eugène-Salamin-Richard-Brent-Algorithmus veröffentlicht, basierend auf einer alten Idee von Gauß und Legendre – Iterationen arithmetisch-geometrischer Mittel. Er ist schwer in drei Sätzen zu erklären, aber man kann sagen, dass ein algebraischer Algorithmus einfach ein Rezept ist, etwas zu berechnen, in diesem Fall π. Salamin und Brent gingen von den folgenden Definitionen aus:

$$a_0 = 1\ ;\quad b_0 = \frac{1}{\sqrt{2}}\ ;\quad t_0 = \frac{1}{4}\ ;\quad p_0 = 1.$$

Und berechneten dann rekursiv:

$$a_{n+1} = \frac{a_n + b_n}{2};$$

$$b_{n+1} = \sqrt{a_n b_n};$$

$$t_{n+1} = t_n - p_n(a_n - a_n + 1)^2;$$

$$p_{n+1} = 2p_n.$$

Letztlich wird bewiesen, dass

$$\pi \approx \frac{(a_n + b_n)^2}{4t_n}.$$

Es ist unvorstellbar, den oben gezeigten Algorithmus mit Papier und Bleistift zu berechnen, wegen seiner quadratischen Konvergenz, d. h. er nimmt an Komplexität zu, weil die im vorherigen Schritt erhaltenen Zahlen jeweils verdoppelt werden. Mit einem Computer konnten jedoch unter Verwendung dieses Algorithmus die ersten 206.158.430.000 Stellen von π berechnet werden. Das ist aber noch nicht alles. In den 1980er-Jahren schufen Peter und Jonathan Borwein einen Algorithmus vierten Grades, den wir hier nicht zeigen, weil er wirklich etwas für Spezialisten ist, aber er ermöglichte eine Annäherung von π mit 1.241.100.000.000 Stellen.

DIE FANTASTISCHEN VIER

Jeder Spezialist für π kennt die Borweins – eine wirklich außergewöhnliche kanadische Familie. Der Vater, David Borwein (geb. 1924) aus Litauen, ist in seiner Wahlheimat eine Koryphäe der Mathematik. Er hat in vielen Bereichen gearbeitet, hauptsächlich mit Reihen. Sein älterer Sohn Jonathan (geb. 1951), ein sehr produktiver Autor und führender Kopf im Bereich der Programmierung mit einer besonderen Schwäche für die Dezimalstellen der Zahl π, ist mit Leidenschaft Mathematiklehrer und entwickelt spezielle Software für dieses Gebiet. Peter (geb. 1953) ist einer der Entwickler der BBP-Formel (benannt zu Ehren ihrer Entdecker, Bailey, Borwein und Plouffe), mit der π berechnet wird. Auch er ist ein Computergenie. Die Mutter von Jonathan und Peter, Davids Ehefrau, ist ebenfalls begeisterte Wissenschaftlerin, allerdings nicht in der Mathematik, sondern im Bereich der Anatomie.

Ende 2002 gelang es einem Team in Japan, geleitet vom Spezialisten Yasumasa Kanada, den Meilenstein erneut zu verschieben. Und wir sind nicht am Ende der Geschichte angelangt. Die Fortschritte in diesem Bereich sind scheinbar nicht aufzuhalten, so erreichte π im Jahr 2010 2.699.999.989.951 Stellen.

1983 dachte der Experte Daniel Shanks (nicht zu verwechseln mit William Shanks), dass die Berechnung von einer Milliarde Stellen von π eine unüberwindbare Hürde sei. Als Zeugnis der Geschichte zeigen wir hier die beiden von Kanada verwendeten selbstkorrigierenden Formeln (vom Typ der Machin-Formeln):

$$\frac{\pi}{4} = 12 \arctan\left(\frac{1}{49}\right) + 32 \arctan\left(\frac{1}{57}\right) - 5 \arctan\left(\frac{1}{239}\right) + 12 \arctan\left(\frac{1}{110443}\right),$$

$$\frac{\pi}{4} = 44 \arctan\left(\frac{1}{57}\right) + 7 \arctan\left(\frac{1}{239}\right) - 12 \arctan\left(\frac{1}{682}\right) + 24 \arctan\left(\frac{1}{12943}\right).$$

Die erste stammt aus dem Jahr 1982. Die zweite dagegen, ein Werk von F. C. W. Störmer, wurde bereits 1896 veröffentlicht (auf Französisch im Bulletin der Société Mathématique in Frankreich). Und wer hat sich damals für Störmer interessiert! In der Mathematik kann man nie wissen. Was heute noch völlig irrelevant ist, kann morgen schon von höchster Bedeutung sein.

Neben den erstaunlichen Rekorden sind auch die außerordentlichen Programmiermethoden interessant. Mit Verwendung der Formel

$$\pi = \sum_{k=0}^{\infty} \frac{1}{16^k}\left(\frac{4}{8k+1} - \frac{2}{8k+4} - \frac{1}{8k+5} - \frac{1}{8k+6}\right)$$

können beliebige Stellen von π berechnet werden, ohne dass alle vorhergehenden Stellen bekannt sein müssen. Leider ergeben sich daraus nur binäre oder hexadezimale Zahlen. Formeln wie die obige stammen von Bailey, Borwein und Plouffe und werden als BBP-Formeln bezeichnet. Man geht davon aus, dass sie den Beginn einer neuen Ära der Programmierung kennzeichnen.

Die Formel von Fabrice Bellard (geb. 1972),

$$\pi = \frac{1}{2^6}\sum_{n=0}^{\infty}\frac{(-1)^n}{2^{10n}}\left(\frac{-2^5}{4n+1}-\frac{1}{4n+3}+\frac{2^8}{10n+1}-\frac{2^6}{10n+3}-\frac{2^2}{10n+5}-\frac{2^2}{10n+7}+\frac{1}{10n+9}\right),$$

eine Ableitung der BBP-Formel, ist bereits 43 % schneller als das Original.

Wir wissen, dass an der billionsten Stelle eine 0 steht (es gibt nur zwei Möglichkeiten, 0 und 1), obwohl wir, wie vom Algorithmus vorgesehen, die Ziffern dazwischen nicht kennen. Dieses Wissen ist nicht verkehrt, aber der praktische Nutzen ist möglicherweise fragwürdig.

Wir können damit sagen, dass es bereits Formeln gibt, mit denen eine Stelle der Entwicklung von π mit jeder Basis berechnet werden kann.

EINE DEZIMALSTELLE GANZ OHNE FORMEL

Der Kolumnist des *Scientific American*, Martin Gardner (1914–2010), anerkannter Autor, Zauberer, Redner und Mathematiker, sagte 1966 voraus, dass die millionste Dezimalstelle in der Entwicklung von π eine 5 sein werde. Diese Prognose basierte auf dem 3. Buch Mose, Kapitel 14, Vers 16 (3,1416). Hier wird Bezug genommen auf die magische Zahl 7, und das siebte Wort dieses Verses hat in einer anerkannten englischen Version der Bibel 5 Buchstaben. Die millionste Stelle von π (damals unbekannt) sollte demnach eine 5 sein. Niemand hat dieser Prognose je irgendeine Aussagekraft zugemessen. 1974 wurde jedoch diese Stelle berechnet und es handelte sich tatsächlich um eine 5. Martin Gardner hat sie ohne jede Formel gefunden.

Über die Formeln hinaus

Wir beenden dieses Kapitel mit ein bisschen interessanter Mathematik, die mit Formeln dargestellt wird. Ein Beispiel:

$$i^i = e^{-\pi/2}.$$

Diese Gleichung verbindet die reellen und die komplexen Körper.

Die folgende Gleichung verknüpft π mit der Welt der Primzahlen:

$$\frac{3}{\pi^2} = \lim_{n\to\infty} \frac{\Phi(n)}{n^2}$$

Dabei ist

$$\Phi(n) = \sum_{k=1}^{n} \phi(k).$$

$\phi(k)$ ist die Anzahl der ganzen Zahlen kleiner k und teilerfremd zu k.

Die folgende Formel stammt aus einem Kapitel über die Zahlentheorie innerhalb der quasi-ganzen Zahlen. Offensichtlich sind sie irrational, aber bei der Berechnung mit einer herkömmlichen Rechenmaschine tauchen plötzlich ganze Zahlen auf. Der Unterschied zwischen ihnen und einer echten ganzen Zahl besteht in einer verborgenen Dezimalstelle, und man braucht schon eine sehr gute Rechenmaschine, um zu erkennen, dass sich hinter einer langen Kette von Nullen hinter dem Dezimalkomma eine signifikante Stelle verbirgt. Nachfolgend sehen Sie ein Beispiel für eine Zahl, die fast 427 ist, aber nicht ganz, und π ist beteiligt:

$$427 \approx \left(\frac{\log(5280^3)(236\,674 + 30\,303\sqrt{61})^3 + 744)}{\pi}\right)^2.$$

Wenn Sie mit einer herkömmlichen Maschine rechnen, ergibt die komplexe Wurzel 427. Wenn Sie jedoch sorgfältiger und mit einer besseren Rechenmaschine rechnen, tritt der Unterschied zu der ganzen Zahl 427 an der 52. Dezimalstelle auf. An dieser Stelle enden die Nullen und die Rechenmaschine scheint wieder zum Leben erweckt worden zu sein. Diese Wurzel wird am besten als quasi-ganz bezeichnet.

Wir sehen, dass π ihre Tentakel in viele Bereiche ausstreckt. Betrachten wir beispielsweise Keplers Vermutung zur Packung. Was ist der maximale Anteil der Ebene, die mit einer Packung von Kreisscheiben abgedeckt werden kann? Die Antwort lautet:

$$\frac{\neq}{2\sqrt{3}}.$$

Kapitel 5

Pi-Manie

Die Zahl π ist etwas Besonderes. Wir haben gesagt, es ist die bekannteste und am häufigsten zitierte aller Zahlen: die berühmteste. Die Leidenschaft für π und seine Dezimalstellen hat zum Begriff der „Pi-Manie" geführt. Es handelt sich dabei um eine Fixierung auf alles, was mit dieser Zahl zu tun hat. Ein Blick in diese Welt, in der sich Extravagantes und Akademisches gleichermaßen findet, ist ebenso unterhaltsam wie interessant. Der Leser mag vielleicht denken, wir schießen etwas über das Ziel hinaus, einem Thema so viel Platz zu widmen, das so wenig mit Mathematik zu tun hat, aber die Wahrheit ist, dass π sehr viel mehr ist als nur eine Zahl.

π in der Umlaufbahn

Selbst die Marketingwelt dreht sich um π. Es gibt T-Shirts mit dem Symbol π (und das sogar für Haustiere), Buttons, Manschettenknöpfe, Kaffeetassen, Teekannen, Uhren, Mauspads, Schürzen, Teddybären, Kissen, Schachteln, Kacheln, Hüte, Poster, Autoaufkleber und vieles andere mehr.

Dieses „Pi-Shirt" und die „Pi-Tasse" sind nur zwei der Artikel, die den berühmten griechischen Buchstaben tragen.

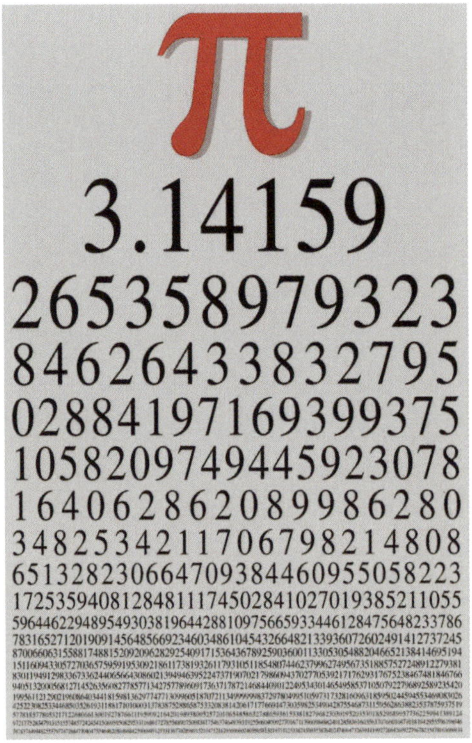

Poster eines Optikers für Fans der Zahl π.

Vor vielen Jahren waren Kornkreise der Renner, von denen man einst annahm, die Aliens hätten sie geschaffen. Für den Kreis auf dem Foto links stellte man nach genauerer Betrachtung fest, dass er auf den Ziffern von π basierte. Für andere ist nicht so viel Detektivarbeit erforderlich, wie auf dem Bild rechts zu sehen ist.

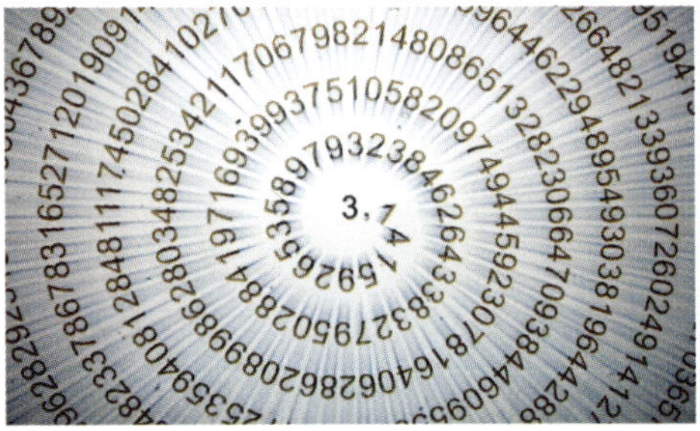

Dieser Mazda 3 wurde in einen Mazda π umgestaltet.

„Pi-Tag“ ist am 14. März, behauptet sein Erfinder, der Amerikaner Larry Shaw, weil der 14. März in amerikanischer Notation als 3/14 oder 3-14 geschrieben wird. Dies sind die ersten Ziffern von π. Das Ganze scheint absurd, hat aber größten Erfolg.

Das traditionelle Gericht am Pi-Tag ist eine runde Pizza – weil auch sie die Geheimnisse von π verkörpert.

Ein Poster, das für den Pi-Tag wirbt, der jedes Jahr am 14. März gefeiert wird.

Zufällig fällt der Pi-Tag auch auf den Geburtstag von Albert Einstein, was zweifellos zum Erfolg der Feierlichkeiten beiträgt. Und man findet die Zahl π auf verschiedenen Lebensmitteln, wie beispielsweise Käse oder Wein und sogar auf Parfüm.

Ein „Pi"-Törtchen zur Feier des Pi-Tages kann auf solchen „Pi-Tellern" serviert werden.

Das Symbol π hat einen Ruf, der die Zeit überdauert. 1915 war es das Symbol des 22. Geschwaders der Royal Air Force. Als Google begann, Aktien auszugeben, umfasste die Serie A 14.159.265 Wertpapiere (Sie wissen, dass π = 3,14159265… ist). Der mathematische Hintergrund der Eigentümer von Google war bis in die Wall Street zu erkennen.

1982, in den heldenhaften Tagen der Computerspiele, als es noch keine Konsolen gab und das legendäre ZX Spectrum oder Dragon 32 das höchste der Gefühle waren, entwickelte das Unternehmen Automata UK das Spiel *Pimania*, dessen Protagonist ein Held namens Pi-Man war. Heute ist das Spiel völlig aus der Mode gekommen, es wäre also nicht überraschend, wenn irgendjemand es wieder neu auflegen würde.

Ein vielleicht noch überraschenderer π-Kult ist eine Suchmaschine, die jede Zahlenfolge innerhalb des Dezimalausdrucks von π findet. Anders als Google und Bing hat diese Suchmaschine keinen wirtschaftlichen Wert. Wenn jemand wissen will, wo der Tag, der Monat und das Jahr seiner Geburt in den unendlichen Dezimalstellen von π liegt, öffnet er einfach nur die „Pi Search Page" in einem Browser und gibt die Zahl ein. Wenn sie sich unter den ersten zweihundert Millionen Stellen befindet, erhalten Sie eine Nachricht, die Ihnen mitteilt, wo Sie sie finden können. Und wenn das nicht der Fall ist, teilt man es Ihnen ebenfalls mit.

Wenn Sie übrigens Ihr abgekürztes Geburtsdatum eingeben (z. B. 18.11.46 als 181146), dann liegt die Wahrscheinlichkeit, eine Antwort zu erhalten, bei fast 100 %. Wenn Sie nur nach 4 Zahlen suchen (wenn Sie beispielsweise am 1.3.56 geboren sind), ist ein Treffer sicher, weil an der Dezimalstelle 60.872 von π alle möglichen Kombinationen von vier Ziffern bereits aufgetreten sind. Bevorzugen Sie dagegen ein vollständigeres Datum (z. B. 18.11.1946, eingegeben als 18111946), sinkt die Wahrscheinlichkeit eines Treffers auf 63 %. Je länger die Zahlenfolge ist, desto weniger wahrscheinlicher ist ein Treffer.

Eine Variante des oben beschriebenen Zeitvertreibs ist es, eine Telefonnummer, eine Autonummer oder eine beliebige andere Nummer in den Dezimalstellen von π zu finden. Es müssen nicht immer Geburtstage sein.

Mit Hilfe einer superschnellen Suchmaschine ergeben sich bei Navigation innerhalb der Dezimalstellen von π seltsame Schleifen. Beispielsweise wurden Ergebnisse gefunden mit einer Schleife, die mit der Eingabe von „40“ beginnt, das an der Position 70 zu finden ist, gefolgt von der Eingabe von „70“ usw., womit eine scheinbar endlose Reihe entsteht. Sie hat jedoch ein Ende. Dan Sikorski hat die folgende Reihe gefunden: 40, 70, 96, 180, 3664, 24717, 15492, 84198, 65489, 3725, 16974, 41702, 3788, 5757, 1958, 14609, 62892, 44745, 9385,169, 40, die nach vielen Umwegen wieder an ihren Ursprung zurückkehrt. Eine Schleife, die nur auf eine Wahrscheinlichkeitsberechnung wartet.

Gedichte und Merksätze

Wenn Sie ein Gedicht über π zitieren wollen, gelangen Sie immer wieder zu einer Quelle, der polnischen Dichterin Wieslawa Szymborska, die 1966 den Nobelpreis für Literatur erhielt. Sie schrieb ein hervorragendes Gedicht, *Die Zahl Pi*, das in viele Sprachen übersetzt wurde:

„Bewundernswert ist die Zahl Pi
drei Komma eins vier eins.
Auch alle Folgeziffern sind nur Anfang,
fünf neun zwei, weil sie nie ein Ende findet.
Sie lässt sich nicht einfangen sechsfünf dreifünf mit einem Blick
acht neun mit einer Berechnung
sieben neun mit der Fantasie,
sogar drei zwei drei acht mit einem Scherz, das heißt Vergleich

vier sechs mit irgend etwas
zwei sechs vier drei in der Welt.
Die längste Schlange der Erde reißt nach ein paar Metern ab.
Ähnlich, zwar etwas später, tun's die Fabelschlangen.
Der Zug der Ziffern, aus denen die Zahl Pi besteht,
hält nicht am Rande des Zettels an,
er zieht sich über den Tisch hinaus, durch die Lüfte,
durch Mauern, Blätter, Vogelnester, Wolken, stracks zum Himmel,
durch alle Aufgeblasenheit und Bodenlosigkeit des Himmels.
O wie kurz, wie mauskurz ist der Kometenschweif!
Wie schwach der Strahl des Sterns, dass er sich krümmt im erstbesten Raum!
Und hier zwei dreifünfzehn dreihundert neunzehn
meine Fernsprechnummer deine Kragenweite
das Jahr eintausendneunhundertdreiundsiebzig sechster Stock
Einwohnerzahl fünfundsechzig Groschen
der Hüftumfang zwei Finger Scharade und Chiffre,
in welcher mein Nachtigallchen, flieg und sing
ebenso bitte Ruhe bewahren
oder Himmel und Erde vergehn,
nicht die Zahl Pi allerdings, oh, nein, die nicht,
sie hat noch ihre gar nicht üble fünf,
nicht beliebige acht,
nicht letzte sieben,
wenn sie, ach, wenn sie die träge Ewigkeit antreibt
zum Dauern.“

Viele andere „Oden an π“ wurden geschrieben. Viele Anhänger von π halten die Gedichte nur für ein Instrument. Damit wurde die Pi-Philologie geboren, ein Merkspruch basierend auf der Verwendung von Gedichten, um sich die Ziffern von π merken zu können. Man spricht auch von „Piems“. Normalerweise stellt jedes Wort eines Piems eine Ziffer von π dar, nämlich in der Länge seiner Buchstaben. „Paradies“ ist also äquivalent zu 8, weil es ein Wort mit acht Buchstaben ist, „Honig“ wird als 5 gelesen, weil es fünf Buchstaben hat. Der Spruch „Liebling, deine Augen sind der Weg ins Paradies“ ist einfach nur ein Kürzel für die Zahlenfolge 85543338 innerhalb der Dezimalstellen, und es geht mitnichten um die Augen der Angebeteten.

LIEBLING, DEINE AUGEN SIND DER WEG INS PARADIES
8 5 5 4 3 3 4 8

Dieses Beispiel zeigt eine mnemonische Technik, sich Zahlenfolgen zu merken, die scheinbar zufällig aussehen, wie beispielsweise die Dezimalstellen von π. Wollen Sie sie sich merken? Dann suchen Sie nach solchen Sätzen und Gedichten und merken Sie sie sich. Es ist immer einfacher, sich Verse zu merken als Zahlen. Denken Sie einfach daran, dass jedes Wort für die Anzahl seiner Buchstaben steht. Sie müssen sie also einfach nur zählen.

Dies reduziert den Wert eines Gedichts auf ein einfaches Instrument, und wir lieben es nicht mehr für seine Schönheit, sondern für seine Länge, wenn es uns an eine große Anzahl an Ziffern erinnern soll. Hier folgen einige Beispiele. Es gibt sie in vielen Sprachen. Lassen Sie sich von der Absurdität nicht abschrecken.

„Pie
I wish I could determine pi
Eureka, cried the great inventor
Christmas pudding, Christmas pie
Is the problem's very centre."

Dieses Gedicht steht für 20 Dezimalstellen von π:

3,14159265358979323846.

Eine weitere Komposition beschert uns 30 Stellen:

„Sir, I send a rhyme excelling,
In sacred truth and rigid spelling,
Numerical sprites elucidate,
For me the lexicon's full weight,
If nature gain, not you complain
Tho' Dr Johnson fulminate."

Es gibt noch kompliziertere Verschlüsselungen, mit denen man fast 80 Dezimalstellen erreicht. 1986 codierte ein englisches Piem 400 Ziffern. Andere Verschlüsselungen haben den Vorteil der Kürze, mit Sätzen, die man sich ganz einfach merken kann:

„Wie, o dies π macht ernstlich so vielen viele Müh,
Lernt immerhin, Jünglinge, leichte Verselein, wie so zum Beispiel dies dürfte
zu merken sein!"

Dies ist der im Deutschen wohl bekannteste kleine Merksatz.
Auf 31 Stellen genau ist der folgende Merksatz von Franz Brentano:

„Nie, o Gott, o guter, verliehst Du meinem Hirne die Kraft, mächtige Zahlreih'n dauernd verkettet bis in die späteste Zeit getreu zu merken; drum hab' ich Ludolfen mir zu Lettern umgeprägt."

3,1415926535897932384626433832 79.

Dies lässt sich beliebig fortführen:

„How I want a drink, alcoholic of course, after the heavy lectures involving quantum mechanics and if the lectures were boring or tiring, then any odd thinking was on quartic equations again."

Dieser Merksatz stoppt nach dem 32. Wort, scheinbar ohne jeden Grund. Viele Merksätze und Verse enden an der Dezimalstelle 32, weil diese 0 ist, und dies in Worten auszudrücken, ist ein fast unüberwindbares Hindernis. Im Französischen finden wir das folgende Beispiel:

„Que j'aime à faire apprendre un nombre utile aux sages!
Immortel Archimède, artiste ingénieur,
Qui de ton jugement peut priser la valeur ?
Pour moi, ton problème eut de pareils avantages.
Jadis, mystérieux, un problème bloquait
Tout l'admirable procédé, l'oeuvre grandiose
Que Pythagore découvrit aux anciens Grecs.
Ô quadrature! Vieux tourment du philosophe
Insoluble rondeur, trop longtemps vous avez
Défié Pythagore et ses imitateurs.
Comment intégrer l'espace plan circulaire ?
Former un triangle auquel il équivaudra ?
Nouvelle invention: Archimède inscrira
Dedans un hexagone; appréciera son aire
Fonction du rayon. Pas trop ne s'y tiendra:
Dédoublera chaque élément antérieur;
Toujours de l'orbe calculée approchera;
Définira limite; enfin, l'arc, le limiteur
De cet inquiétant cercle, ennemi trop rebelle
Professeur, enseignez son problème avec zèle."

Hier sind 126 Dezimalstellen dargestellt. Beachten Sie, dass die 10 Buchstaben des Worts „mystérieux" die schwer fassbare 0 darstellen. Ähnliche Tricks mit Wörtern mit mehr als 9 Buchstaben werden häufig verwendet, um weitere Vorkommen von 0 darzustellen.

Noch ein Letztes: Bei der Arbeit mit Piems müssen Sie fit sein in Orthografie. George Gamow, ein berühmter Wissenschaftler (unter anderem war er einer der Väter der modernen Konzepte der Nuklearphysik, die auf Sternformationen angewendet wird) wurde vor einiger Zeit im *Scientific American* angegangen, dass er π mit 3,14158 statt mit dem korrekten Wert 3,14159 angegeben hatte. Der Grund dafür war, dass Gamow, amerikanischer Bürger mit Wurzeln in Russland und somit vielsprachig, den Vers „*Que j'aime à faire apprendre*“ einer französischen Version eines π-Merksatzes falsch geschrieben hatte, nämlich nur mit einem „p“ in „apprendre“.

Der Haiku ist eine besondere Gedichtform. Sie stammt aus Japan und hat 13 Silben. Sie werden in den unterschiedlichsten Sprachen und über die verschiedensten Themen geschrieben, natürlich auch über π. Es gibt Haikus, die sich mit π beschäftigen, aber praktischer ist die Komposition eines *Piku*, einer mathematischen Variante eines Haikus. Während ein Haiku drei Zeilen mit der Silbenstruktur 5-7-5 besitzt (die erste Zeile hat 5 Silben, die zweite 7, die dritte wieder 5), gibt es bei einem Piku, ebenfalls ein Dreizeiler, noch eine weitere Forderung: Seine Wörter müssen jeweils so viele Buchstaben haben, wie die entsprechende Dezimalstelle von π angibt.

Wir zeigen hier einen Piku, der selbsterklärend ist, weil es darin um π geht:

„Can I know a cycle,
according to nature round
and never complete?“

Andere Systeme verwenden bereits vorhandene Gedichte und spezielle Verschlüsselungssysteme. Einer der Aktivisten in diesem Bereich ist Mike Keith, ein fanatischer Anhänger von π, dem wir eine ganz eigene Version des Gedichts *The Raven* von Edgar Allan Poe verdanken. Die Version von Keith heißt *Near a Raven*. Aber das ist nicht alles. Keith hat sein Repertoire erweitert und *Cadaeic Cadenza* geschrieben, ein Werk höchster Substanz, das das oben genannte Gedicht um Fragmente von Lewis Carroll, Omar al-Khayyam, William Shakespeare und anderer Autoren ergänzt. *Cadaeic Cadenza* enthält 3.834 Stellen, was eine echte Leistung ist. Der Titel *Cadaeic* sollte vielleicht erklärt werden:

C	a	d	a	e	i	c
3.	1	4	1	5	9	3

Es gibt noch eine andere Methode, sich die Ziffern von π zu merken. Sie liegt irgendwo zwischen Sport und Mystik, undefinierbar, und dennoch real. Kein Wunder, dass so viele Anhänger dieses Hobbys, wahre Rechenkünstler, im *Guiness-Buch der Rekorde* vorkommen ... und manchmal auch in Mathematikbüchern.

Gedächtnisrekorde sind flüchtig und jeder Gedächtniskünstler versucht, die Bestmarke seines Vorgängers zu knacken. Einige Gedächtnisathleten versuchen, sich möglichst viele Ziffern zu merken, während andere auf Schnelligkeit setzen. Aber wir wollen uns hier nicht mit Kleinigkeiten aufhalten. Der Ukrainer Andriy Slyusarchuk behauptet, sich 30 Millionen Ziffern gemerkt zu haben, was jedoch vom *Guiness-Buch der Rekorde* nicht anerkannt wird.

Der anerkannte Rekord wurde 2006 aufgestellt, mit Hunderttausend Stellen, von Akira Haraguchi, einem Japaner. Aber nicht nur Pi-Maniker beschäftigen sich mit solchen Dingen. Wenn wir die Liste echter Gedächtniskünstler genauer ansehen, finden wir dort auch international bekannte Wissenschaftler, wie beispielsweise den Amerikaner Alexander Aiken und den Kanadier Simon Plouffe.

Pi-Musik

Im Bereich der Musik kommt π nur selten vor, obwohl die Mathematik eng mit der Musik verbunden ist. Das quasi-offizielle System in der westlichen Welt verwendet Intervalle der Größe $\sqrt[12]{2}$. Die diatonische Tonleiter, sehr viel älter, wird mehr oder weniger mit dem „fünften Intervall" definiert, wie die Experten es nennen, und dem der Wert 3/2 zugeordnet ist. All diese Techniken sind aber nur ein Vorspiel zu dem, was als nächstes kommt.

Stimmung

Die Tonleiter der westlichen Welt hat ihren Ursprung bei Pythagoras und in den Noten der diatonischen Tonleiter, C, D, E, F, G, A, H. Die Noten in der Version von Pythagoras entsprechen der Schwingungsfrequenz einer Saite. Grob gesagt, bei unterschiedlichen Frequenzen liegen unterschiedliche Noten. Die Abgrenzung zwischen den Schwingungen (Noten) wurde in Intervallen gemessen, die nicht etwa das Ergebnis der Subtraktion einer Frequenz von einer anderen sind, wie man es gerne denken würde, sondern die Frequenzen werden durch sich selbst dividiert.

Der Quotient aus zwei Frequenzen ergab einfache und elegante Brüche, wie etwa das fünfte Intervall, womit der Frequenzquotient von einer Note zu der fünf Schritte entfernten Note ausgedrückt wurde – 3/2. Diese Intervalle gipfeln in der Oktave, wo die Tonleiter erneut mit derselben Note beginnt, was dem Bruch 2/1 = 2 entspricht. Ein Beispiel: Wenn Sie die mittlere Taste eines Klaviers drücken, erklingt die Note A mit einer Frequenz von 440 Hz (Wellenlängen pro Sekunde). Wenn Sie das nächste A drücken, das sich sieben weiße Tasten weiter rechts befindet, hat der neue Ton eine Frequenz von 880 Hz. Die akustische Differenz zwischen den beiden Noten (das Intervall zwischen ihnen) wird in der Musik durch den Quotienten 880/440 = 2 ausgedrückt.

Dieses Intervall wird als die „Oktave" bezeichnet. Zwei durch das Intervall einer Oktave getrennte Noten (in unserem Beispiel A) klingen genau gleich, nur mit unterschiedlichen Wellenlängen. Pythagoras, der kein Klavier hatte, überprüfte dies mit einer einfachen Saite. Wenn Sie eine Saite mit der doppelten Länge einer anderen Saite zupfen, ergibt sich beides Mal dieselbe Note.

Das Problem dieser Tonleiter ist, dass sie mit Instrumenten wie der Geige funktioniert, aber einige kleine Unterschiede zwischen Noten nicht misst, wie beispielsweise zwischen # und b. Das führte zur Einführung der gleichstufigen Stimmung. Die Töne wurden in zwölf gleiche Intervalle unterteilt, jeweils mit der Amplitude $\sqrt[12]{2}$ zum nächsten. Die resultierende Tonleiter mit zwölf Noten wurde als chromatische oder wohltemperierte Tonleiter bezeichnet.

Der Wert $\sqrt[12]{2}$ resultiert aus folgendem Problem: Wenn ein Intervall der Größe 2 in gleiche Teile unterteilt werden soll, wie muss das Maß eingerichtet sein, durch das die Frequenzen dividiert werden? Dazu benötigt man zwölf aufeinanderfolgende Intervalle in einer geometrischen Reihe mit dem Radius $\sqrt[12]{2}$. Diese Folge aus zwölf Intervallen, einem für jede Note, lautet:

$$\sqrt[12]{2},(\sqrt[12]{2})^2,(\sqrt[12]{2})^3,(\sqrt[12]{2})^4,(\sqrt[12]{2})^5,(\sqrt[12]{2})^6,(\sqrt[12]{2})^7,(\sqrt[12]{2})^8,(\sqrt[12]{2})^9,(\sqrt[12]{2})^{10},(\sqrt[12]{2})^{11},(\sqrt[12]{2})^{12}=2.$$

Im 18. Jahrhundert wurde ein neues Intervallsystem erfunden, bei dem der fünfte Ton $600 + 300/\pi$ war. Weiter entwickelt wurde es von Charles Lucy (geb. 1946), dessen Namen es auch trägt.

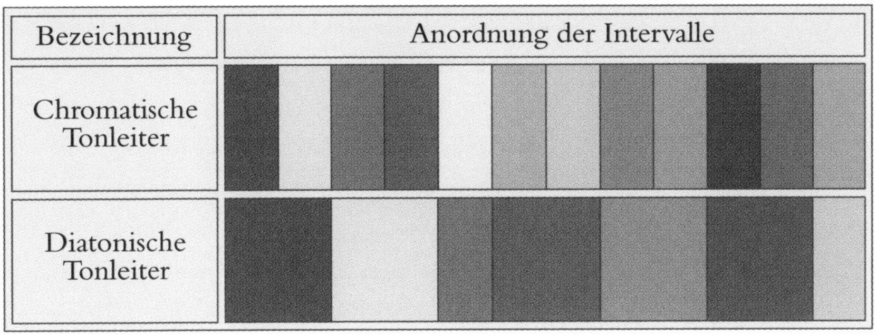

Die Noten der chromatischen Tonleiter, von links nach rechts: C, C#, D, D#, E, F, F#, G, G#, A, B, H, C. Die Noten der diatonischen Tonleiter sind C, D, E, F, G, A, H, C.

Ein weiterer musikalischer Aspekt von π, eher lustig als intellektuell, ist die Möglichkeit, die Dezimalstellen der Zahl zu „hören". Es gibt Programme im Internet, die π „spielen". Sie weisen jeder der zehn Ziffern eine Musiknote zu. Immer wenn eine Ziffer erscheint, weist das Programm ihr die jeweilige Note zu und spielt sie über den Lautsprecher ab. Da die Ziffern von π zufällig sind (oder jedenfalls den Eindruck erwecken), hören wir eine sehr zufällige Komposition. Sehr wahrscheinlich langweilt sich der Zuhörer schnell, und je mehr Ziffern es gibt, desto weniger wollen Sie weiter zuhören, aber möglicherweise gibt es Menschen, die sich an einer solchen sehr, sehr langen, zufälligen Klangfolge erfreuen. Bei der diatonischen Tonleiter gibt es 7^{10} verschiedene Möglichkeiten, eine Melodie mit sieben reinen Tönen zu komponieren (ohne # und b). Wir würden sagen, es gibt 7^{10} Kombinationen der Wiederholung. Davon müssen die Sequenzen abgezogen werden, bei denen sich dieselbe Note wiederholt, weil das Ergebnis besonders langweilig wäre.

Kino, Literatur und π

π kommt unzählige Male auf der Leinwand vor, wobei es sich jedoch meist nur um Andeutungen handelt, die bestimmte Situationen geheimnisvoller wirken lassen sollen, wie beispielsweise Codenamen oder die Organisation einer Flucht, wie in *Der zerrissene Vorhang* von Alfred Hitchcock. Die mathematische Natur von π wird selten dargestellt und wenn es der Fall ist, dann eher auf lustige oder oberflächliche Weise, wie etwa in π (oder *Pi*), einem Film des amerikanischen Regisseurs Darren Aronofsky von 1998. Er beschäftigt sich mit den intellektuellen Abenteuern des genialen Mathematikers Max Cohen, der aufgrund seiner Besessenheit von bestimmten Zahlen in immer gefährlichere Situationen gerät. Dabei spielt der Film mit der Vorstellung der verborgenen Bedeutung von Zahlen, ähnlich wie bei der hebräischen Kabbala, aber die dramatische Komponente hat jederzeit Vorrang vor mathematischer Strenge.

Ein Film, in dem π eine zentrale Rolle hätte spielen können, war der Science-Fiction-Blockbuster *Contact* (1997) von Robert Zemeckis, in dem Jodie Foster die Rolle der Astronomin Eleanor Arroway spielte. Es hätte ein großartiger Film über π werden können, aber das Drehbuch ließ die Zahl weitgehend außen vor. Im zugrunde liegenden Roman *Contact* (1985) des bekannten Kosmologen Carl Sagan ist π außerordentlich wichtig, bis hin zu einer wissenschaftlichen Debatte. Aber eins nach dem anderen.

Contact ist ein Film über den möglichen Kontakt zu außerirdischen Zivilisationen und die Probleme, insbesondere religiösen Probleme, die ein solches Aufeinandertreffen verursachen könnte. Er erzählt das Abenteuer von Dr. Arroway, beginnend mit einer Beschreibung ihrer Arbeit als Forscherin, die für mehrere Funkteleskope verantwortlich ist und ein Signal aus dem äußeren Weltraum empfängt. Es wird ein Gerät zur Generierung eines „Wurmlochs" gebaut, damit Kontakt mit den Außerirdischen aufgenommen werden kann. Diese bringen Arroway auf den Gedanken, dass hinter den Dezimalstellen von π eine Botschaft verborgen sein könnte. Eine Botschaft, die in der

Oben das Poster für den Film PI. Rechts eine Werbung für die Verfilmung des Romans Contact *von Carl Sagan, in dem Aliens behaupten, hinter den Dezimalstellen von π sei eine Botschaft versteckt.*

universellen Konstante über die Natur der Realität verborgen ist, könnten nicht einmal die Aliens manipulieren, weil dies nur das Vorrecht Gottes wäre, des Erschaffers des Universums.

Die Botschaft, von der die Aliens sprechen, sei während der Entwicklung von π geschrieben worden. Es gebe einen riesigen Abschnitt in den Dezimalstellen von π, der nur aus Nullen und Einsen bestehe, und der die Seiten eines Quadrats bilden könnte und ebenso einen perfekten Kreis.

Er stehe dort seit Anbeginn der Zeiten in der Natur, innerhalb von π; heißt das, Gott selbst hat ihn dort angelegt? Im letzten Kapitel sprechen wir über *Contact* und die Dezimalstellen von π. Unter anderem geht es um die Möglichkeit, dass es ein solches Quadrat und einen Kreis aus Nullen tatsächlich gibt.

Im modernen Klassiker humoristischer Literatur, *Per Anhalter durch die Galaxis* von Douglas Adams, teilt ein riesiger Computer den Menschen die Antworten auf die Frage nach dem Sinn des Lebens, des Universums und den gesamten Rests mit. Die Antwort ist überraschenderweise „42“. Für einige Pi-Maniker war die Antwort des Computers mehr als nur ein Witz und wurde als Provokation empfunden; sie machten sich also an die Arbeit. Sie verwarfen 42 als zu einfach und durchsuchten die Dezimalstellen von π nach kreativeren Kombinationen, wie beispielsweise 424242. Dies fand sich an der Position 242.423. Man kann so gut wie sicher sein, dass diese eher lächerliche Suche weitergehen wird.

Die Zahl π und das Gesetz

Es scheint ungewöhnlich, dass es hier einen Abschnitt über ein Thema gibt, das scheinbar unendlich weit von π entfernt ist, nämlich das Gesetz, die Gesetzgebung und ähnliche Aspekte, aber wir finden diese Zahl wirklich in allen Bereichen. 1836 gab es in dem fortschrittlichen Frankreich nach der Revolution einen Bürgerwissenschaftler, LaCompte, der nicht nur behauptete, π sei 3,25, sondern der überraschenderweise auch Preise von mehreren Einrichtungen für seine Entdeckungen über π erhalten hat. Und das zu einer Zeit, zu der bereits mehr als 100 Stellen von π bekannt waren.

Bessere Nachrichten über die Legislative kommen aus Indiana in den USA. Dort überzeugte ein Bürger namens Edward Goodwin, der sich für geometrische Übungen interessierte und sogar etwas im *American Mathematical Monthly* veröffentlicht hatte (nur eine Überschrift und einen kurzen Auszug), die Landesgesetzgeber, den Text eines vorgeschlagenen Gesetzes (Vorlage 246) zu genehmigen, das vom Repräsentantenhauses des Staates verabschiedet werden sollte.

Bis zu diesem Punkt scheint alles völlig normal zu sein. Seltsam daran war, dass dieses Gesetz behauptete, dass, wie nach vielen arbeitsaufwändigen Berechnungen abgeleitet, die folgende Formel gültig sei:

$$\pi = \frac{16\sqrt{2}}{7} \approx 3,232.$$

Wie bitte?! π entspreche einem Wert von 3,232? Es sah außerdem vor, dass diese Gleichung in die Lehrbücher des Landes übernommen werden sollte, wofür Goodwin Tantiemen kassieren sollte. Kurz gesagt, Goodwin und die Gesetzgeber hatten die Tatsache nicht berücksichtigt, dass π transzendent war, wie von Lindemann schon mehr als 30 Jahre vorher gezeigt, und dass die Quadratur des Kreises damit unmöglich war, und dass zu diesem Zeitpunkt bereits 100 Dezimalstellen von π berechnet worden waren. Nichts davon konnte die Helden von Indiana beirren.

Die Gesetzesvorlage wurde genehmigt und an den Senat weitergereicht, mit der Empfehlung, das Gesetz zu verabschieden. Glücklicherweise wurde dies verhindert, wenn auch völlig zufällig. Jemand zeigte den Text einem Fachmann, der gerade auf der Durchreise war, Professor Clarence Abiathar Waldo (1852–1926). Er konnte ein Vorwort zu dem Text schreiben und erklärte freundlich, dass er der vielen Menschen müde sei, die behaupteten, die Quadratur des Kreises gefunden zu haben. Von den Details des Texts in Schrecken versetzt, teilte er den Senatoren den wahren Sachverhalt mit. Nachdem sie von Waldo erfahren hatten, wie absurd das Gesetz war, lehnten die Gesetzgeber des hohen Hauses schließlich die berühmte Gesetzesvorlage 246 ab.

Dank dem Mathematikprofessor Clarence Abiathar Waldo konnte verhindert werden, dass sich der Staat Indiana mit seiner Gesetzgebung zum mathematischen Narren machte.

Die Zahl π und die Kunst

Im Palais de la Découverte in Paris gibt es ein Fries, das π gewidmet ist. Es zeigt mehr als 600 Dezimalstellen von π, berechnet 1873 von William Shanks. Tatsächlich hatte der berühmte britische Mathematiker 707 Stellen berechnet, aber D. F. Fergusson entdeckte 1944, dass er an Stelle 528 einen Fehler gemacht hatte. Der folgende Limerick von Nicholas Rose wurde zu seinen Ehren verfasst:

„Seven hundred seven, Shanks did state,
Digits of π he would calculate.
And none can deny
It was a good try
But he had erred in five twenty eight."

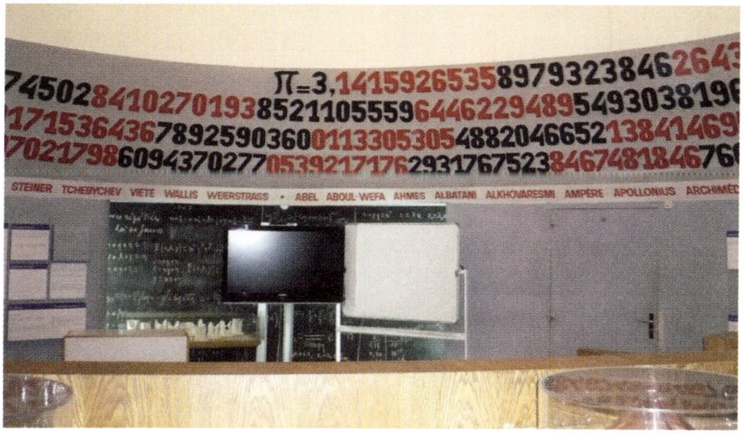

Fries im Palais de la Découverte mit den ersten 600 Dezimalstellen von π.

Ein echtes Kunstwerk, das auf π basiert, befindet sich in Toronto. Es stammt von der kanadischen Künstlerin Arlene Stamp: Die Halle der U-Bahnstation Downsview schmückt ein riesiges Mosaik aus Rechtecken, die alle dieselbe Breite haben und sich überlappen. Der Abstand, in dem sie dies tun, ist jedoch nicht zufällig, auch wenn das schwer zu erkennen ist, wenn man es nicht weiß. Jedes Rechteck überdeckt das nächste und es bleibt nur ein Teil davon sichtbar. Wenn die Gesamtbreite jedes Rechtecks gleich 1 ist, ist der verbleibende sichtbare Teil proportional zu einer Dezimalstelle von π. Das Mosaik beginnt mit ,1, der ersten Dezimalstelle von 3,1415926535… und folgt den Stellen unserer zauberhaften Zahl.

Da π zufällig ist (oder jedenfalls den Eindruck erweckt), kann niemand das System erraten, wie die einzelnen Rechtecke platziert sind. Aber wie der Mathematiker Ivars

Die farbigen Rechtecke sind alle gleich groß, werden aber so angeordnet, dass ihre sichtbare Oberfläche proportional zu der entsprechenden Dezimalstelle von π ist. Jede Kachel verhält sich wie eine Maske, die die jeweils vorherige überdeckt.

Peterson sagte, gibt es eine Ordnung inmitten der scheinbaren Zufälligkeit.

Am Tor der Henry Abbott Technical School in Danbury, Connecticut, befindet sich eine Statue von π, die fast 20 m hoch ist und von der Bildhauerin Barbara Grygutis errichtet wurde. Sie ist nachts beleuchtet und zweifellos eine stetige Erinnerung der Studenten an die Macht von π.

Skulptur von π von Barbara Grygutis in Connecticut.

In einer anderen amerikanischen Stadt, Seattle, wurde vorübergehend eine Statue von π auf den Stufen neben dem Museum of Art aufgestellt.

Am Eingang der Technischen Universität Berlin gibt es ebenfalls ein Mosaik, das die Konstante darstellt.

Und es gibt noch ein Werk rein mathematischer Kunst:

$$e^{\pi i} + 1 = 0.$$

Es kombiniert in einem einzigen Ausdruck die fünf wichtigsten Konstanten (e, π, i, 1 und 0). Sie wird als die schönste Formel aller Wissenschaften betrachtet. Der erste, der sie auch bewiesen hat, war der Schweizer Mathematiker Leonhard Euler.

LEONHARD EULER (1707–1783)

Der Schweizer Euler war einer der berühmtesten Mathematiker der Geschichte. Er war so intelligent, dass er selbst nach seiner Erblindung dank seines phänomenalen Gedächtnisses und seiner Künste im Kopfrechnen weiterarbeiten konnte, bis er 20 Jahre später starb. Er starb in Russland, wo er seit 1737 gelebt hatte, betört vom Ruf Kaiserin Katharinas II. der Großen und auch fasziniert von den Berichten eines Schweizer Kollegen, Daniel Bernoulli. Die kompletten Arbeiten von Euler (nur die wissenschaftlichen) sind in 80 Bänden niedergeschrieben. Euler war derjenige, der Pi definitiv das griechische Symbol π zuordnete. Darüber hinaus führte er auch weitere Notationen ein, wie beispielsweise $f(x)$ für Funktionen der Variablen x, i für die Einheit der imaginären Zahlen, die Konstante e und das Summensymbol Σ.
Seine weiteren Beiträge sind so gut wie unzählbar. Euler hat wichtige Spuren in Bereichen wie Analysis, Funktionen, Zahlentheorie, Topologie, Graphentheorie, Physik und Astronomie hinterlassen. Selbst ein Asteroid ist nach ihm benannt. Außerdem hat er viele Reihen mit der Zahl π entdeckt.

In der Sowjetunion wurde 1957 zu Ehren von Eulers 250. Geburtstag eine Briefmarke veröffentlicht.

Das Grab von Ludolph van Ceulen in Leiden mit den 35 Dezimalstellen von Pi, die er berechnet hat.

Vielleicht hätte Ludolph van Ceulen (1540–1610) diese Ansicht nicht geteilt. Nach harten Arbeiten mit Kreisen und Polygonen mit 2^{62} Seiten kam der deutsche Mathematiker zu einer Annäherung an π, zuerst mit 20, dann mit 35 Dezimalstellen. Er war so begeistert davon, dass er befahl, die Zahl in seinen Grabstein zu meißeln, als Bereicherung für zukünftige Generationen.

Kapitel 6

Ein zweiter Blick auf die Unendlichkeit

Computer sind sinnlos. Sie können Ihnen nur Antworten geben.
Pablo Picasso

Jetzt wenden wir uns der unendlichen Natur von π zu, einer Unendlichkeit, die sehr vertraut erscheinen mag und wahrscheinlich weniger Vorstellungskraft verlangt, als Georg Cantor benötigte.

Der Nobelpreisträger Richard Feynman (1918–1988) fand eine seltsame Sequenz mit lauter Neunen in π:

3, 1415926535897	9323846264338	3279502884197	1693993751058
2097494459230	7816406286208	9986280348253	4211706798214
8086513282306	6470938446095	5058223172535	9408128481117
4502841027019	3852110555964	4622948954930	3819644288109
7566593344612	8475648233786	7831652712019	0914564856692
3460348610454	3266482133936	0726024914127	3724587006606
3155881748815	2092096282925	4091715364367	8925903600113
3053054882046	6521384146951	9415116094330	5727036575959
1953092186117	3819326117931	0511854807446	2379962749567
3518857527248	9122793818301	1949129833673	3624406566430
8602139494639	5224737190702	1798609437027	7053921717629
3176752384674	8184676694051	3200056812714	5263560827785
7713427577896	0917363717872	1468440901224	9534301465495
8537105079227	9689258923542	0199561121290	2196086403441
8159813629774	7713099605187	0721134**999999**…	

Dies passiert an der Dezimalstelle 762 und wird, verständlicherweise, als „Feynman-Punkt" bezeichnet. Die zufällige Wahrscheinlichkeit, dass sechs Neunen in einer Reihe stehen, ist sehr klein, nur 0,08 %. Hat der Feynman-Punkt irgendeine Bedeutung? Ein weiteres Mysterium von π?

Ein nächster Seltenheitsfall ist die Zahlenfolge 0123456789, die an der Position 17.387.594.880 gefunden wurde. Diesmal war es aber nicht Feynman, sondern ein Computerprogramm.

Jetzt konstruieren wir ein magisches Quadrat. Ein magisches Quadrat ist ein Quadrat, bei dem Zeilen, Spalten und Diagonalen addiert immer dieselbe Zahl ergeben, in diesem Fall 65.

17	24	1	8	15
23	5	7	14	16
4	6	13	20	22
10	12	19	21	3
11	18	25	2	9

Dieses magische Quadrat wurde vom Amerikaner T.E. Lobeck entwickelt.

Nun betrachten wir die Dezimalstellen von π. Für jede Zahl im Quadrat, nennen wir sie *n*, verwenden wir die Ziffer, die wir an dieser Position des Dezimalausdrucks von π finden (die *n*. Ziffer). Wenn wir die erste Zahl im Quadrat betrachten, 17, gehen wir an die Dezimalstelle 17, die 2 ist. Wir schreiben dies an die Stelle von 17 usw. Wir erhalten damit ein neues Quadrat, an dessen Ränder wir die Summen der Zeilen und Spalten schreiben:

2	4	3	6	9	(24)
6	5	2	7	3	(23)
1	9	9	4	2	(25)
3	8	8	6	4	(29)
5	3	3	1	5	(17)
(17)	(29)	(25)	(24)	(23)	

Die Überraschung ist, dass die Summe jeder Spalte auch die Summe jeder Zeile ist. Es sieht wie ein Trick aus, aber in der Mathematik gibt es keine Zauberei. Warum passiert das? Man weiß es nicht. Wir wissen noch so wenig über π und die Unendlichkeit …

Affen, Tastaturen und Bibliotheken

Jetzt wollen wir uns damit beschäftigen, was wir noch nicht über π wissen – und vielleicht auch nie wissen werden. Hier verlassen wir die menschliche Logik und begeben uns an die Grenzen des Unbekannten, deshalb wird es hier um Vermutungen und Legenden gehen.

Darwin und der Darwinismus haben einen besonderen Platz in der angelsächsischen Tradition. Mit der Veröffentlichung seines Buchs *Über die Entstehung der Arten* verärgerte Charles Darwin viele „richtig denkende Geister", weil er behauptete, dass die menschliche Evolution nicht anders als die der Tiere vonstatten gegangen sei. Der Satz „der Mensch stammt von den Affen ab" ist eine starke Vereinfachung der Darwin'schen Theorie, ist aber ein biologisches Paradigma geblieben. Alle Verweise auf Affen riefen wissenschaftliche Debatten hervor. Darüber hinaus war die Erwähnung der Tastatur einer Schreibmaschine im viktorianischen Zeitalter ein Hinweis auf die moderne Technologie. Verbindet man beides, Affen und Tastaturen, erhalten wir einen hochgiftigen Cocktail. Die Geschichte der Affen und der Tastaturen ist ein klassisches Gedankenexperiment, dessen Wurzeln die alten darwinistischen Ideen mit den moderneren verflechten. Angenommen, jedes Mitglied einer Affenfamilie erhält eine Tastatur. Man ignorierte die Realität, die bestimmt nicht ermutigend gewesen wäre. Es wurden Experimente mit Makaken gemacht, die sehr viele Seiten voll mit Buchstaben produzierten, was sie aus irgendeinem seltsamen Grund sehr gern mögen. Angenommen, die Affen verhalten sich so, wie man es von verantwortlichen Tieren erwartet, und schreiben in mehr oder weniger zufälligen Reihenfolge Symbole auf leere Blätter, und das immer wieder und immer weiter.

Das sogenannte „Infinite Monkey Theorem" besagt, dass wenn die Schreibzeit unendlich ist, die Affen fast mit Sicherheit irgendwann eine verständliche Reproduktion eines zuvor geschriebenen Texts schreiben. Das bedeutet, wenn es kein Zeitlimit gibt und die Affen immer weiter auf den Tastaturen schreiben, würde irgendwann auch beispielsweise *Romeo und Julia* herauskommen, und zwar exakt, Buchstabe für Buchstabe.

Dies verhindert jedoch nicht, dass wenn wir zu einem beliebigen Moment nachsehen, was die Affen geschrieben haben, trotz der Tatsache, dass wir eine unvorstellbar lange Zeit auf das gewartet haben, enttäuscht sind, weil sie noch nichts Verständliches geschrieben haben. Das Einzige, wodurch die Theorie funktioniert, ist, dass die Wahrscheinlichkeit gegen 1 geht (etwas in der Nähe von 100 Prozent), wenn die Zeit gegen unendlich geht.

Eine Armee von Affen könnte in einer unendlich langen Zeit jeden vorstellbaren, bereits vorhandenen Text reproduzieren.

Eine sehr viel literarischere Version dieses Theorems ist eine Geschichte von Jorge Luis Borges, einem argentinischen Schriftsteller, Lehrer und Erklärer der Unendlichkeit, dem wir viele visionäre Ansätze im Hinblick auf das Universum verdanken. In *Die Bibliothek von Babel*, einer Kurzgeschichte aus dem Buch *Fiktionen* (1944), beschreibt Borges eine Bibliothek, die alle möglichen Bücher enthält. Es ist ausreichend, die Größe des Buchs auf N Zeichen oder Symbole zu begrenzen, wobei N groß genug ist, um selbst sehr dicke Wälzer abzudecken. Nach dem Text von Borges befinden sich in dieser Bibliothek alle möglichen Kombinationen der grundlegenden hebräischen Schriftzeichen (22 Buchstaben, 2 Satzzeichen und 1 Leerzeichen als Worttrennzeichen), gedruckt in 410 Büchern mit je 3100 Zeichen. Um präzise zu sein, folgen hier ein paar Berechnungen. Die imaginäre Bibliothek von Borges würde mindestens etwa $25^{1132000} \approx 1{,}956 \times 10^{1834097}$ Bücher enthalten.

Wir werden hier keinen strengen und detaillierten Beweis des Infinite-Monkey-Theorems zeigen. Er wäre viel zu lang und würde langweilige Erklärungen von Konzepten aus der Wahrscheinlichkeitstheorie voraussetzen. Man kann jedoch bereits erraten, dass der Inhalt der Theorie richtig ist. Angenommen, die Tastatur hätte 60 Tasten. Eine einfache Symbolfolge wie beispielsweise „Sein oder nicht sein" aus *Hamlet* hat 18 Buchstaben, und die Wahrscheinlichkeit, sie nicht in n Versuchen zu tippen, ist angegeben durch

$$\left(1-\frac{1}{60^{18}}\right)^{n}.$$

Der Grenzwert für $n \rightarrow \infty$ ist für die ganze Formel null. Wenn wir der Einfachheit halber annehmen, dass statt einem Affen k Affen schreiben, bleibt der Grenzwert unverändert, aber intuitiv vermuten wir, dass wir unser Ziel früher erreichen; ihre Konvergenz wird beschleunigt.

Durchdachtere Überlegungen führen zu dem erwarteten Schluss: Mathematisch gesehen besteht kein Zweifel, dass die Affen bei einer unbegrenzten Zeitspanne irgendwann *Hamlet* reproduzieren. Jedes vorstellbare Buch ist im Grund eine Buchstabenfolge endlicher Größe mit einigen Variationen durch wiederholte Zeichen. Unendlich viele Affen würden jedes Buch schreiben, wenn die Zeit dafür ebenfalls unendlich wäre.

Aus der Perspektive des täglichen Lebens ist es jedoch unwahrscheinlich, dass diese Situation in einem vernünftigen Zeitrahmen auftreten könnte. Wofür sollte es gut sein zu wissen, dass Affen *Krieg und Frieden* reproduzieren können, wenn die Zeit, die sie dafür benötigen, länger als das Alter des Universums ist? Um etwas Sinnvolles zu schreiben, nicht unbedingt Shakespeare, sondern einen einfachen Satz, bräuchten die Affen bestimmt einen unvorstellbar langen Zeitraum.

Ein Experte für physische Thermodynamik erklärt uns, dass die Reproduktion von beispielsweise *Hamlet* theoretisch wahrscheinlich, aber physikalisch unmöglich ist. Tatsächlich ist das Universum endlich an Teilchen und endlich in der Zeit. Es gibt zwar ein Googol (ein Begriff, den ein Neffe des Mathematikes Edward Kasner geprägt hat und der äquivalent zu 10^{100} ist) Teilchen und der

Der argentinische Schriftsteller Jorge Luis Borges beschrieb eine riesige Bibliothek, wo in jedem Schrank 410 Bücher derselben Länge stehen.

Urknall ist vor mindestens 10 Milliarden Jahren passiert, aber selbst wenn wir die Teilchen durch Affen ersetzen und das Universum mit tippenden Affen füllen, gibt es eine zu vernachlässigende Wahrscheinlichkeit, dass sie in der bisherigen Geschichte des Universums *Hamlet* hätten schreiben können.

Borges' Geschichte *Die Bibliothek von Babel* ist sehr viel poetischer und sehr viel gewichtiger als unsere puren Worte. Hier ein Zitat, in dem diese wunderbare Bibliothek beschrieben wird:

> „Die Bibliothek ist das Universum. Es besteht aus identischen sechseckigen Räumen mit jeweils der gleichen Zahl Bücher in Regalen, aus Wendeltreppen, die unüberblickbar weit nach oben und unten führen, aus Korridoren ohne Ende. Spiegel schaffen die Illusion der Endlichkeit (denn Spiegel sind ja dazu da, Räume zu verdoppeln und Unendlichkeit zu suggerieren).
> Die Menschen pilgern durch diese Räumlichkeiten auf der Suche nach dem für sie einschlägigen Buch. Das gestaltet sich, gelinde gesagt, schwierig.
> Denn die Bücher tragen eine Signatur, die in keiner Beziehung zum Inhalt steht. Und in ihnen finden sich alle möglichen Kombinationen der zugelassenen fünfundzwanzig Buchstaben oder Zeichen (22 Buchstaben des hebräischen Alphabets plus Punkt und Komma plus Zwischenraum), mithin alle denkbaren Wörter aller denkbaren Sprachen (wenn man eine einheitliche Transkription zugrundelegt) ebenso wie auch alle vorstellbaren sinnlosen Kombinationen (oder nicht entzifferbaren Codes) von Zeichen.
> So stehen auch alle je geschriebenen oder zu schreibenden (möglichen) Bücher (in sämtlichen Kopien oder Auszügen mit weniger oder mehr Fehlern) in dieser Bibliothek. Die Zahl der Bücher ist ungeheuer groß, weit jenseits unserer Vorstellung, aber endlich."
>
> (Jorge Luis Borges, *Die Bibliothek von Babel*)

Die unendliche Ziffernfolge von π

Was wir hier erzählt haben, ist mehr oder weniger unterhaltsam, aber es ist nicht so weit von π und der Berechnung seiner Dezimalstellen entfernt, wie es auf den ersten Blick scheinen möchte. Wenn wir unseren geliebten Affen keine komplizierte Tastatur geben würden, sondern einen Ziffernblock, würden wir mehr oder weniger zufällige Abfolgen nicht von Buchstaben, sondern von Ziffern erhalten. Eine Zahlenfolge. Und was ist π anderes als eine Zahlenfolge?

Dann gäbe es in der Bibliothek von Borges statt endlicher literarischer Arbeiten (von denen die meisten ein Sammelsurium an Unsinn und bedeutungslosem Geplapper wären) Bücher mit endlichen Zahlenfolgen, mit einem Anfang und einem Ende.

Es gibt jedoch einen grundlegenden Unterschied zwischen diesen fiktiven Affen oder der Feder von Borges und der Dezimalstellenabfolge von π. Der Unterschied ist, dass sich erstere mit endlichen fiktiven Einheiten beschäftigen und π nicht zu diesen gehört. Es besitzt eine unendliche Anzahl an Dezimalstellen. Es gibt eine zählbare Unendlichkeit von Ziffern in π.

Es gibt keinen schreibenden Affen, der π zustande bringen könnte, und auch keine Bibliothek, wie groß sie auch sei, die π und seine Dezimalstellen aufnehmen könnte. Wir haben über den Rand der Unendlichkeit geblickt, aber die Entwicklung von π sieht uns unbeeindruckt zu. Unerreichbar.

Die unbeweisbare Normalität von π

Ist π normal? Paradoxerweise lautet die noch nicht beantwortete Frage vieler Mathematiker, ob π eine normale Zahl ist. Eine irrationale Zahl wird als normal in der Basis 10 bezeichnet, wenn die Ziffern 0, 1, 2, 3, 4, 5, 6, 7, 8 und 9 mit derselben Häufigkeit in ihrer Dezimaldarstellung erscheinen, und dasselbe gilt für Kombinationen aus zwei Zahlen, 00 bis 99, drei Zahlen 000 bis 999 usw.

Wenn eine Zahl normal in allen Zahlenbasen ist, wird sie als absolut normal bezeichnet.

Dezimalziffer	Anzahl, wie oft die Ziffer vorkommt
0	99.999.485.134
1	99.999.485.134
2	100.000.480.057
3	99.999.787.805
4	100.000.357.857
5	99.999.671.008
6	99.999.807.503
7	99.999.818.723
8	100.000.791.469
9	99.999.854.780
Gesamt	1.000.000.000.000

Als Kanada eine Million Millionen Ziffern von π berechnete, zählte er, wie oft jede einzelne Ziffer vorkam.

Die Verteilung der Ziffern, die Kanada ermittelt hat, zeigt keine besonderen Unregelmäßigkeiten, die darauf hinweisen würden, dass π vom Normalen abweicht, obwohl eine Stichprobe von einer Billion Elementen insignifikant erscheinen könnte.

Das eine ist, zu raten, das andere, zu beweisen, und die Wahrheit ist, dass zwar vermutet wird, dass π normal ist, dass es aber noch nicht bewiesen wurde.

Tatsächlich wurde nicht bewiesen, dass π oder *e* oder $\sqrt{2}$ oder *log* 2 oder sogar der goldene Schnitt (Φ) oder eine der anderen aktuelleren Konstanten normal sind. Interessanterweise wurde nie bewiesen, dass eine Zahl wirklich normal ist, außer denjenigen, die speziell für diesen Zweck erzeugt wurden. 1917 zeigte der polnische Mathematiker Waclaw Sierpinski (1882–1969) die erste normale Zahl. Sie war absolut normal.

Die Konstante von Chaitin,

$$\Omega = 0{,}00787499699\ldots,$$

misst die Wahrscheinlichkeit, dass ein zufällig ausgewähltes Programm eine Turing-Maschine anhält. Ihre Definition ist relativ kompliziert, weil man dafür wissen muss, wie Summen funktionieren, Programmabschnitte, die universelle Turing-Maschine und vieles andere mehr. In der Realität ist Ω jedoch auch eine normale Zahl, auch wenn die obige Definition dies nicht vermuten lässt. Normale Zahlen sind nicht selten, weil es eine unzählbare Unendlichkeit von ihnen gibt. Die Unendlichkeit von normalen Zahlen ist vergleichbar mit der aller reellen Zahlen. Fast alle Zahlen sind normal, aber sie sind für Mathematiker sehr schwer zu finden. Die Aussage, dass alles, was algebraisch und irrational ist, normal ist, ist reine Spekulation.

Die ungenügende Zufälligkeit von π

Die Zufälligkeit von π scheint klar zu sein, aber nur scheinbar. Die Chudnovsky-Brüder, Spezialisten für π, unterzogen seine Ziffern allen nur vorstellbaren Prüfungen auf Zufälligkeit, und π entkam ihnen jedes Mal mit Triumph. Zufallszahlen sind Zahlen, deren Ziffern zufällig auftreten. Sie wurden sehr lange Zeit ausprobiert und definiert. Letztlich scheint die Definition von Andrei Kolmogorow sehr gut zu passen. Sie stellt die Komplexität über den Zufall. Für Kolmogorow ist eine Zahl umso komplexer, je länger das kleinste Computerprogramm ist, mit dem sie beschrieben wird. Wenn der Algorithmus oder der minimale anzuwendende Prozess für die Beschreibung einer Zahl so lang wie die Zahl ist, muss dieses sehr komplex sein (oder sehr zufällig). Wenn

ANDREI KOLMOGOROW (1903–1987)

Kolmogorow wurde in Russland in der Stadt Tambow geboren. Seine Mutter starb bei der Geburt und sein Vater wurde aufgrund revolutionärer Aktivitäten deportiert, deshalb wurde Andrei von seinen Tanten aufgezogen. In den 1930er-Jahren hatte er sich mit der Veröffentlichung von *Über die analytischen Methoden in der Wahrscheinlichkeitstheorie* bereits einen Namen in der internationalen Mathematikszene gemacht, wobei er das Material auf sehr axiomatische, aber moderne Weise darlegte. Sein Ruf nahm weiter zu, als er zusammen mit einem seiner Schüler, V. I. Arnold (geb. 1937), Problem Nr. 13 aus der berühmten Liste von Hilbert löste. (1900 veröffentlichte David Hilbert, zu seiner Zeit der weltweit bedeutendste Mathematiker, eine Liste mit 23 Hauptproblemen, die noch zu lösen waren.) Zu den von Kolmogorow am weitestgehend untersuchten Themen gehören stochastische Phänomene und Markow-Ketten. Sein innovativster und schwierigster Beitrag war die Theorie der Komplexität oder Zufälligkeit, das sind zwei gegenüberliegende Seiten derselben Münze. In seinen späten Jahren, nachdem er ein respektierter Guru in der russischen Mathematik geworden war, beschäftigte er sich mit diesen Konzepten und der angewandten Mathematik.

wir N berechnen wollen und Anweisungen geben, deren Anzahl gleich N ist, dann könnten wir N auch gleich direkt aufschreiben und zugeben, dass wir es mit einer sehr komplexen, zufälligen Zahl zu tun haben.

Bei π ist genau das nicht der Fall, weil es Algorithmen gibt, die seine Dezimalstellen berechnen (und seine einzelnen vorab bekannten Dezimalstellen!), und diese sind endlich und relativ kurz. Also sollte π nicht durchgängig zufällig sein. Beispielsweise gibt es ein Computerprogramm mit 158 Zeichen, das 2.400 Dezimalstellen von π berechnen kann. Wir können einfach sagen, dass π zufällig sein könnte, es aber wahrscheinlich nicht ist.

Die Dezimalstellen von π erscheinen hintereinander auf eine Weise, die zufällig erscheint. Es wurde bisher kein Muster und keine Konfiguration gefunden, die uns eine Prognose ermöglichen würde, was an einer bestimmten Position in der Zahl erscheint. Es gibt Verfahren für die Berechnung beliebiger Dezimalstellen unter Verwendung einer BBP-Formel und ähnlicher Mechanismen, aber damit wird kein Muster oder etwas Vergleichbares gefunden. Es wird angenommen, dass π „schwach zufällig“ sein muss, aber noch niemand hat das bewiesen.

Wenn jede Ziffernfolge von π zufällig wäre, wäre die Konstante eine normale Zahl. Aber das Gegenteil trifft nicht immer zu: Eine Zahl kann normal sein und offensichtlich nicht zufällig. Die sogenannte Champernowne-Zahl, die später noch angesprochen wird, ist normal und nicht zufällig, weil es eine einfache Methode gibt, sie zu konstruieren.

Die unzugängliche Universalität von π

Bleiben wir der Einfachheit halber bei der Basis 10. Eine universelle Zahl ist eine Dezimalzahl, die jede vorstellbare Zahlenabfolge enthält. Wenn wir die Ziffern über irgendein Verfahren in Buchstaben umwandeln würden, könnten wir π zum Sprechen bringen und in seiner Dezimaldarstellung *Hamlet*, die *Gala*, dieses Buch oder eines der von Borges erdachten Bücher erkunden. All dies zusammen mit den Thesen und Widerlegungen der Thesen, den Aufsätzen und Kopien von Aufsätzen, die sich nur in einem Buchstaben unterscheiden, unverständliches Geplapper und immense Mengen wiederholter Buchstaben. Alles wäre irgendwo und würde passiv für die gesamte Ewigkeit darauf warten, gelesen zu werden oder nicht.

Kehren wir für einen Moment zurück zu Carl Sagan und seinem Roman *Contact*. Es wird angenommen, dass die Aliens, mit denen Dr. Arroway Kontakt aufgenommen hat, auf der Suche nach einer Botschaft sind, die göttlichen Ursprungs sein soll, weil sie zu Beginn des Universums verfasst wurde, nämlich in den Dezimalstellen von π (geschrieben in der Basis 11, aber wir werden hier nicht ins Detail gehen). Wenn wir uns weiter in die Ausdehnung von π begeben, viele Millionen Zeichen nach dem Dezimalkomma, finden wir eine Ziffernkette, die, wenn sie richtig in eine Ebene gelegt wird, nur aus Einsen und Nullen besteht, und diese formen ein Quadrat aus Einsen, mit einem Kreis von Nullen darin. Wird mit der Erscheinung des Quadrats wirklich etwas so Kontroverses wie die Existenz Gottes belegt?

Wenn Sie die ersten 20 Ziffern von π addieren, erhalten Sie 100. Wenn Sie bis 144 addieren, erhalten Sie die Zahl des Teufels, die apokalyptische 666, die in der Bibel genannt wird. Aber wir können diesen Zufällen keine Bedeutung beimessen, egal wie göttlich sie zu sein scheinen, weil sie letztlich vom Zahlensystem abhängig sind, und das ist ein sehr menschliches System.

So menschlich wie David Gawen Champernowne (1912–2000), der eine normale Zahl in der Basis 10 abgeleitet hat. Er hat im Alter von 21 die Konstante gefunden, die seinen Namen trägt, noch bevor er sein Studium abgeschlossen hatte. Es handelt sich um ein Beispiel für eine transzendentale Zahl, die gleichzeitig eine normale Zahl und eine universelle Zahl ist. Sie ist so einfach zu definieren, dass sie nicht real zu sein scheint. Man schreibt einfach hintereinander alle Zahlen in ihrer natürlichen Reihenfolge:

$$C_{10} = 0{,}1234567891011121314151617181920212223\ldots$$

Zweifellos finden wir uns selbst in der Präsenz einer universellen Zahl, weil jede vorstellbare Folge *N* von Ziffern in der Entwicklung der Zahl von Champernowne gefunden werden kann. Wir haben sie als C_{10} bezeichnet, weil dies die gebräuchlichste Abkürzung in der Mathematik ist. Die 10 zeigt, dass sie in der Basis 10 angegeben ist. Darüber hinaus gibt es unendlich viele Variationen von C_{10}, die ebenfalls alle universelle Zahlen sind. Wir überlassen es der Phantasie des Lesers, als Übung nach ihnen zu suchen. Außerdem sollten wir hinzufügen, dass die sogenannte Copeland-Erdös-Zahl genau wie die Champernowne-Zahl konstruiert wird, allerdings begrenzt auf die Primzahlen, und dass sie ebenfalls normal (in der Basis 10) ist:

$$0{,}2\ 3\ 5\ 7\ 11\ 13\ 17\ 19\ 23\ 29\ 31\ldots$$

Aus dieser Perspektive verliert die Entwicklung von π, wie Sagan sie beschrieben hat, an Stärke. Es ist nicht selten, dass man Zahlen findet, die einen Kreis aus Nullen und Einsen enthalten. Tatsächlich gibt es unendlich viele, aber sie reflektieren nicht das Verhältnis von Umfang zum Durchmesser, wie es π tut.

Und ist π eine universelle Zahl? Das weiß niemand. Wir wissen nur, dass alle universellen Zahlen normal sind, aber das hilft uns nicht viel weiter.

Was bewiesen werden kann und was nicht

Der tschechische Logiker und Mathematiker Kurt Gödel (1906–1978) bewies etwas sehr Verwirrendes, etwas, das zum ersten Mal dem menschlichen Wissen Grenzen setzte. Stellen Sie sich ein logisches System vor, mit Theoremen und Axiomen, das eine grundlegende Arithmetik unterstützt. Ist es beispielsweise möglich, dass sich die konventionelle Mathematik an irgendeinem Punkt widerspricht? Was für ein Unsinn! Das würden die meisten von uns sagen. Ist es vorstellbar, dass sie unvollständig ist? Können wir unter Verwendung derselben Werkzeuge des Systems nicht beweisbare oder abgelehnte Aussagen treffen? Die meisten Menschen würden auch das ablehnen. Wie könnte ein Gedankenfeld, das die Regeln der grundlegenden Arithmetik enthält, unvollständig sein? Jedes Theorem ist richtig oder falsch und vielleicht dauert es eine Zeit lang, bis wir das herausgefunden haben, aber eines Tages wird es klar … Ein gutes Beispiel dafür ist das letzte Theorem von Fermat: Es hat eine Weile gedauert, aber irgendwann kam der Beweis.

Gödel also bewies, dass ein solches System entweder inkonsistent oder unvollständig ist, und dass es nicht sowohl konsistent als auch vollständig sein kann. Wenn es vollständig ist und wir alles beweisen oder ablehnen können, dann ist es an irgendeinem Punkt widersprüchlich, und wenn es ohne jeden Schatten des Widerspruchs ist, dann ist es

DIE KONTINUUMHYPOTHESE

Georg Cantor hat einen großen Teil seines Lebens mit dem Versuch verbracht, eine Hypothese zu beweisen, die wie folgt beschrieben werden kann: Sei *A* eine zählbare Menge, deren Kardinalität gleich $\aleph_0$ ist. Wir definieren $\aleph_1$ als die Kardinalität von $\wp(A)$, wobei $\wp(A)$ die Menge der Teile von *A* ist:

$$\#\wp(A) = \aleph_1.$$

Jetzt bezeichnen wir mit c die nicht zählbare Kardinalität der reellen Zahlen, das reelle Kontinuum. Cantor gelangte zu der folgenden Ungleichung:

$$\aleph_0 < c = \aleph_1.$$

Er war der festen Überzeugung, dass zwischen 0 und 1 keine Kardinalität existieren könne, für die $c = \aleph_1$. Das ist die Kontinuumhypothese.
1963 bewies der amerikanische Mathematiker Paul Cohen (1934–2007), dass diese Hypothese nicht zu entscheiden ist und dass damit gewählt werden könne, ob sie richtig oder falsch sei, ohne dass sich im Bereich der konventionellen Mathematik etwas ändert.

unvollständig. Es gibt immer Vorschläge, die nicht zu beweisen oder zu widerlegen sind.

Gödel hat uns in eine seltsame Situation gebracht. Bertrand Russell hat im Spaß die Mathematik als Aktivität definiert, wo niemand weiß, was er beweisen will, oder ob alles Bewiesene wirklich richtig ist. Gödel scheint dies belegt zu haben und zwar noch deutlicher. Wir wissen nicht einmal, ob wir eines Tages etwas beweisen können. Das Theorem von Gödel ist keine Fantasie, weil bereits einige dieser nicht beweisbaren Aussagen gefunden wurden, unter anderem die sogenannte Kontinuumhypothese.

Natürlich können keine nicht beweisbaren Sätze innerhalb der sogenannten normalen Zahlen gefunden werden. Wenn die Konsequenz aus etwas Unbeweisbarem auf irgendeine Weise andere Aspekte der normalen Mathematik beeinflusst (das Theorem von Fermat ist ein gutes Beispiel), dann ist es unwahrscheinlich, dass wir einen Satz von Gödel vor uns haben.

Betrachten wir die letzten Fragen, die π aufwirft. Gibt es Antworten? Nein, noch nicht. Gibt es sie in der Zukunft? Vielleicht.

Wir behaupten nicht, dass die unbekannten Dinge über π nicht zu beweisen sind. Viele glauben, das wäre nur so, wenn ihre Bestätigung oder Ablehnung keinen Einfluss auf die „konventionelle" Mathematik hätte.

KURT GÖDEL (1906–1978)

Kurt Gödel und Albert Einstein am Institute for Advanced Study in Princeton, New Jersey.

Der in Tschechien geborene Mathematiker wurde später amerikanischer Staatsbürger und Spezialist für Logik. In Europa arbeitete er mit dem sogenannten Wiener Kreis zusammen und emigrierte mit der Machtergreifung der Nazis nach Amerika. Mit der Veröffentlichung von *Über formal unentscheidbare Sätze der Principia Mathematica und verwandter Systeme* wurde er berühmt. Es ist jedoch so technisch verfasst, dass ein Buch von Ernst Nagel, eine populäre Arbeit (*Der Gödelsche Beweis*), bekannter ist als der Originalartikel. Darin erklärt Gödel seine Unvollständigkeitstheoreme, die zeigen, dass ein logisches System, das groß genug ist, um unter anderem Axiome der elementaren Arithmetik zu enthalten, nie sowohl konsistent als auch vollständig sein kann. Er bewies auch, dass in einem solchen System die Konsistenz der Axiome nicht bewiesen werden kann.

Beide Erkenntnisse sind noch heute schockierend und bilden eine Grenze für die Mathematik, so wie die Heisenbergsche Unschärferelation die Physik beschränkte.

Dieses Ergebnis und diejenigen seiner Nachfolger machten Gödel zu einer fast mythischen Figur unter Wissenschaftlern auf der ganzen Welt. Das Buch *Gödel, Escher, Bach: Ein endloses geflochtenes Band* von Douglas R. Hofstadter ist sogar zum Bestseller geworden.

Sein ganzes Leben lang litt Gödel unter Paranoia und verschiedensten Depressionen, die schließlich zu seinem recht dramatischen Tod führten. Er weigerte sich alles zu essen, was nicht von seiner Frau zuvor probiert worden war. Als sie krank wurde und ins Krankenhaus musste, verweigerte Gödel jede Nahrungsaufnahme und verhungerte.

Kapitel 7

Die ersten zehntausend Stellen von π

Die nicht berechneten Dezimalstellen von π schlafen in einem mysteriösen abstrakten Raum, wo sie eine schwache Realität genießen. Sie werden erst real, nachdem sie berechnet wurden, und selbst dann ist ihre Realität eine einfache Frage des Grades.
William James

π = 3,	Anzahl der Dezimalstellen
1415926535 8979323846 2643383279 5028841971 6939937510 :	50
5820974944 5923078164 0628620899 8628034825 3421170679 :	100
8214808651 3282306647 0938446095 5058223172 5359408128 :	150
4811174502 8410270193 8521105559 6446229489 5493038196 :	200
4428810975 6659334461 2847564823 3786783165 2712019091 :	250
4564856692 3460348610 4543266482 1339360726 0249141273 :	300
7245870066 0631558817 4881520920 9628292540 9171536436 :	350
7892590360 0113305305 4882046652 1384146951 9415116094 :	400
3305727036 5759591953 0921861173 8193261179 3105118548 :	450
0744623799 6274956735 1885752724 8912279381 8301194912 :	500
9833673362 4406566430 8602139494 6395224737 1907021798 :	550
6094370277 0539217176 2931767523 8467481846 7669405132 :	600
0005681271 4526356082 7785771342 7577896091 7363717872 :	650
1468440901 2249534301 4654958537 1050792279 6892589235 :	700
4201995611 2129021960 8640344181 5981362977 4771309960 :	750
5187072113 4999999837 2978049951 0597317328 1609631859 :	800
5024459455 3469083026 4252230825 3344685035 2619311881 :	850
7101000313 7838752886 5875332083 8142061717 7669147303 :	900
5982534904 2875546873 1159562863 8823537875 9375195778 :	950
1857780532 1712268066 1300192787 6611195909 2164201989 :	1.000
3809525720 1065485863 2788659361 5338182796 8230301952 :	1.050

0353018529 6899577362 2599413891 2497217752 8347913151 :	1.100
5574857242 4541506959 5082953311 6861727855 8890750983 :	1.150
8175463746 4939319255 0604009277 0167113900 9848824012 :	1.200
8583616035 6370766010 4710181942 9555961989 4676783744 :	1.250
9448255379 7747268471 0404753464 6208046684 2590694912 :	1.300
9331367702 8989152104 7521620569 6602405803 8150193511 :	1.350
2533824300 3558764024 7496473263 9141992726 0426992279 :	1.400
6782354781 6360093417 2164121992 4586315030 2861829745 :	1.450
5570674983 8505494588 5869269956 9092721079 7509302955 :	1.500
3211653449 8720275596 0236480665 4991198818 3479775356 :	1.550
6369807426 5425278625 5181841757 4672890977 7727938000 :	1.600
8164706001 6145249192 1732172147 7235014144 1973568548 :	1.650
1613611573 5255213347 5741849468 4385233239 0739414333 :	1.700
4547762416 8625189835 6948556209 9219222184 2725502542 :	1.750
5688767179 0494601653 4668049886 2723279178 6085784383 :	1.800
8279679766 8145410095 3883786360 9506800642 2512520511 :	1.850
7392984896 0841284886 2694560424 1965285022 2106611863 :	1.900
0674427862 2039194945 0471237137 8696095636 4371917287 :	1.950
4677646575 7396241389 0865832645 9958133904 7802759009 :	2.000
9465764078 9512694683 9835259570 9825822620 5224894077 :	2.050
2671947826 8482601476 9909026401 3639443745 5305068203 :	2.100
4962524517 4939965143 1429809190 6592509372 2169646151 :	2.150
5709858387 4105978859 5977297549 8930161753 9284681382 :	2.200
6868386894 2774155991 8559252459 5395943104 9972524680 :	2.250
8459872736 4469584865 3836736222 6260991246 0805124388 :	2.300
4390451244 1365497627 8079771569 1435997700 1296160894 :	2.350
4169486855 5848406353 4220722258 2848864815 8456028506 :	2.400
0168427394 5226746767 8895252138 5225499546 6672782398 :	2.450
6456596116 3548862305 7745649803 5593634568 1743241125 :	2.500
1507606947 9451096596 0940252288 7971089314 5669136867 :	2.550
2287489405 6010150330 8617928680 9208747609 1782493858 :	2.600
9009714909 6759852613 6554978189 3129784821 6829989487 :	2.650
2265880485 7564014270 4775551323 7964145152 3746234364 :	2.700
5428584447 9526586782 1051141354 7357395231 1342716610 :	2.750
2135969536 2314429524 8493718711 0145765403 5902799344 :	2.800
0374200731 0578539062 1983874478 0847848968 3321445713 :	2.850

8687519435 0643021845 3191048481 0053706146 8067491927 :	2.900
8191197939 9520614196 6342875444 0643745123 7181921799 :	2.950
9839101591 9561814675 1426912397 4894090718 6494231961 :	3.000
5679452080 9514655022 5231603881 9301420937 6213785595 :	3.050
6638937787 0830390697 9207734672 2182562599 6615014215 :	3.100
0306803844 7734549202 6054146659 2520149744 2850732518 :	3.150
6660021324 3408819071 0486331734 6496514539 0579626856 :	3.200
1005508106 6587969981 6357473638 4052571459 1028970641 :	3.250
4011097120 6280439039 7595156771 5770042033 7869936007 :	3.300
2305587631 7635942187 3125147120 5329281918 2618612586 :	3.350
7321579198 4148488291 6447060957 5270695722 0917567116 :	3.400
7229109816 9091528017 3506712748 5832228718 3520935396 :	3.450
5725121083 5791513698 8209144421 0067510334 6711031412 :	3.500
6711136990 8658516398 3150197016 5151168517 1437657618 :	3.550
3515565088 4909989859 9823873455 2833163550 7647918535 :	3.600
8932261854 8963213293 3089857064 2046752590 7091548141 :	3.650
6549859461 6371802709 8199430992 4488957571 2828905923 :	3.700
2332609729 9712084433 5732654893 8239119325 9746366730 :	3.750
5836041428 1388303203 8249037589 8524374417 0291327656 :	3.800
1809377344 4030707469 2112019130 2033038019 7621101100 :	3.850
4492932151 6084244485 9637669838 9522868478 3123552658 :	3.900
2131449576 8572624334 4189303968 6426243410 7732269780 :	3.950
2807318915 4411010446 8232527162 0105265227 2111660396 :	4.000
6655730925 4711055785 3763466820 6531098965 2691862056 :	4.050
4769312570 5863566201 8558100729 3606598764 8611791045 :	4.100
3348850346 1136576867 5324944166 8039626579 7877185560 :	4.150
8455296541 2665408530 6143444318 5867697514 5661406800 :	4.200
7002378776 5913440171 2749470420 5622305389 9456131407 :	4.250
1127000407 8547332699 3908145466 4645880797 2708266830 :	4.300
6343285878 5698305235 8089330657 5740679545 7163775254 :	4.350
2021149557 6158140025 0126228594 1302164715 5097925923 :	4.400
0990796547 3761255176 5675135751 7829666454 7791745011 :	4.450
2996148903 0463994713 2962107340 4375189573 5961458901 :	4.500
9389713111 7904297828 5647503203 1986915140 2870808599 :	4.550
0480109412 1472213179 4764777262 2414254854 5403321571 :	4.600
8530614228 8137585043 0633217518 2979866223 7172159160 :	4.650

7716692547 4873898665 4949450114 6540628433 6639379003 : 4.700
9769265672 1463853067 3609657120 9180763832 7166416274 : 4.750
8888007869 2560290228 4721040317 2118608204 1900042296 : 4.800
6171196377 9213375751 1495950156 6049631862 9472654736 : 4.850
4252308177 0367515906 7350235072 8354056704 0386743513 : 4.900
6222247715 8915049530 9844489333 0963408780 7693259939 : 4.950
7805419341 4473774418 4263129860 8099888687 4132604721 : 5.000
5695162396 5864573021 6315981931 9516735381 2974167729 : 5.050
4786724229 2465436680 0980676928 2382806899 6400482435 : 5.100
4037014163 1496589794 0924323789 6907069779 4223625082 : 5.150
2168895738 3798623001 5937764716 5122893578 6015881617 : 5.200
5578297352 3344604281 5126272037 3431465319 7777416031 : 5.250
9906655418 7639792933 4419521541 3418994854 4473456738 : 5.300
3162499341 9131814809 2777710386 3877343177 2075456545 : 5.350
3220777092 1201905166 0962804909 2636019759 8828161332 : 5.400
3166636528 6193266863 3606273567 6303544776 2803504507 : 5.450
7723554710 5859548702 7908143562 4014517180 6246436267 : 5.500
9456127531 8134078330 3362542327 8394497538 2437205835 : 5.550
3114771199 2606381334 6776879695 9703098339 1307710987 : 5.600
0408591337 4641442822 7726346594 7047458784 7787201927 : 5.650
7152807317 6790770715 7213444730 6057007334 9243693113 : 5.700
8350493163 1284042512 1925651798 0694113528 0131470130 : 5.750
4781643788 5185290928 5452011658 3934196562 1349143415 : 5.800
9562586586 5570552690 4965209858 0338507224 2648293972 : 5.850
8584783163 0577775606 8887644624 8246857926 0395352773 : 5.900
4803048029 0058760758 2510474709 1643961362 6760449256 : 5.950
2742042083 2085661190 6254543372 1315359584 5068772460 : 6.000
2901618766 7952406163 4252257719 5429162991 9306455377 : 6.050
9914037340 4328752628 8896399587 9475729174 6426357455 : 6.100
2540790914 5135711136 9410911939 3251910760 2082520261 : 6.150
8798531887 7058429725 9167781314 9699009019 2116971737 : 6.200
2784768472 6860849003 3770242429 1651300500 5168323364 : 6.250
3503895170 2989392233 4517220138 1280696501 1784408745 : 6.300
1960121228 5993716231 3017114448 4640903890 6449544400 : 6.350
6198690754 8516026327 5052983491 8740786680 8818338510 : 6.400
2283345085 0486082503 9302133219 7155184306 3545500766 : 6.450

8282949304	1377655279	3975175461	3953984683	3936383047	:	6.500
4611996653	8581538420	5685338621	8672523340	2830871123	:	6.550
2827892125	0771262946	3229563989	8989358211	6745627010	:	6.600
2183564622	0134967151	8819097303	8119800497	3407239610	:	6.650
3685406643	1939509790	1906996395	5245300545	0580685501	:	6.700
9567302292	1913933918	5680344903	9820595510	0226353536	:	6.750
1920419947	4553859381	0234395544	9597783779	0237421617	:	6.800
2711172364	3435439478	2218185286	2408514006	6604433258	:	6.850
8856986705	4315470696	5747458550	3323233421	0730154594	:	6.900
0516553790	6866273337	9958511562	5784322988	2737231989	:	6.950
8757141595	7811196358	3300594087	3068121602	8764962867	:	7.000
4460477464	9159950549	7374256269	0104903778	1986835938	:	7.050
1465741268	0492564879	8556145372	3478673303	9046883834	:	7.100
3634655379	4986419270	5638729317	4872332083	7601123029	:	7.150
9113679386	2708943879	9362016295	1541337142	4892830722	:	7.200
0126901475	4668476535	7616477379	4675200490	7571555278	:	7.250
1965362132	3926406160	1363581559	0742202020	3187277605	:	7.300
2772190055	6148425551	8792530343	5139844253	2234157623	:	7.350
3610642506	3904975008	6562710953	5919465897	5141310348	:	7.400
2276930624	7435363256	9160781547	8181152843	6679570611	:	7.450
0861533150	4452127473	9245449454	2368288606	1340841486	:	7.500
3776700961	2071512491	4043027253	8607648236	3414334623	:	7.550
5189757664	5216413767	9690314950	1910857598	4423919862	:	7.600
9164219399	4907236234	6468441173	9403265918	4044378051	:	7.650
3338945257	4239950829	6591228508	5558215725	0310712570	:	7.700
1266830240	2929525220	1187267675	6220415420	5161841634	:	7.750
8475651699	9811614101	0029960783	8690929160	3028840026	:	7.800
9104140792	8862150784	2451670908	7000699282	1206604183	:	7.850
7180653556	7252532567	5328612910	4248776182	5829765157	:	7.900
9598470356	2226293486	0034158722	9805349896	5022629174	:	7.950
8788202734	2092222453	3985626476	6914905562	8425039127	:	8.000
5771028402	7998066365	8254889264	8802545661	0172967026	:	8.050
6407655904	2909945681	5065265305	3718294127	0336931378	:	8.100
5178609040	7086671149	6558343434	7693385781	7113864558	:	8.150
7367812301	4587687126	6034891390	9562009939	3610310291	:	8.200
6161528813	8437909904	2317473363	9480457593	1493140529	:	8.250

7634757481 1935670911 0137751721 0080315590 2485309066 :	8.300
9203767192 2033229094 3346768514 2214477379 3937517034 :	8.350
4366199104 0337511173 5471918550 4644902636 5512816228 :	8.400
8244625759 1633303910 7225383742 1821408835 0865739177 :	8.450
1509682887 4782656995 9957449066 1758344137 5223970968 :	8.500
3408005355 9849175417 3818839994 4697486762 6551658276 :	8.550
5848358845 3142775687 9002909517 0283529716 3445621296 :	8.600
4043523117 6006651012 4120065975 5851276178 5838292041 :	8.650
9748442360 8007193045 7618932349 2292796501 9875187212 :	8.700
7267507981 2554709589 0455635792 1221033346 6974992356 :	8.750
3025494780 2490114195 2123828153 0911407907 3860251522 :	8.800
7429958180 7247162591 6685451333 1239480494 7079119153 :	8.850
2673430282 4418604142 6363954800 0448002670 4962482017 :	8.900
9289647669 7583183271 3142517029 6923488962 7668440323 :	8.950
2609275249 6035799646 9256504936 8183609003 2380929345 :	9.000
9588970695 3653494060 3402166544 3755890045 6328822505 :	9.050
4525564056 4482465151 8754711962 1844396582 5337543885 :	9.100
6909411303 1509526179 3780029741 2076651479 3942590298 :	9.150
9695946995 5657612186 5619673378 6236256125 2163208628 :	9.200
6922210327 4889218654 3648022967 8070576561 5144632046 :	9.250
9279068212 0738837781 4233562823 6089632080 6822246801 :	9.300
2248261177 1858963814 0918390367 3672220888 3215137556 :	9.350
0037279839 4004152970 0287830766 7094447456 0134556417 :	9.400
2543709069 7939612257 1429894671 5435784687 8861444581 :	9.450
2314593571 9849225284 7160504922 1242470141 2147805734 :	9.500
5510500801 9086996033 0276347870 8108175450 1193071412 :	9.550
2339086639 3833952942 5786905076 4310063835 1983438934 :	9.600
1596131854 3475464955 6978103829 3097164651 4384070070 :	9.650
7360411237 3599843452 2516105070 2705623526 6012764848 :	9.700
3084076118 3013052793 2054274628 6540360367 4532865105 :	9.750
7065874882 2569815793 6789766974 2205750596 8344086973 :	9.800
5020141020 6723585020 0724522563 2651341055 9240190274 :	9.850
2162484391 4035998953 5394590944 0704691209 1409387001 :	9.900
2645600162 3742880210 9276457931 0657922955 2498872758 :	9.950
4610126483 6999892256 9596881592 0560010165 5256375678 :	10.000

Literaturverzeichnis

BECKMANN, P., *A History of Pi*, New York, St. Martin's Griffin, 1976.

BLATNER, D., *The Joy of Pi*, New York, Walker and Company, 1999.

DELAHAYE, J.-P., *Le Fascinant Nombre Pi*, Paris, Belin-Pour la Science, 2001.

PISA MENÉNDEZ, P., *La cuadratura del círculo: geodesia y metrología en el mundo antiguo*, Oviedo, Cincopiedras, 2007.

SAGAN, C., *Contact*, London, Orbit, 1997.

Register